全国水利行业规划教材　高职高专水利水电类
中国水利教育协会策划组织

工程力学学习指导与训练

主　编　杨晓阳
副主编　麻　媛　郑慧玲　陈冬云
主　审　刘进宝

黄河水利出版社
·郑州·

内 容 提 要

本书是全国水利行业规划教材,是根据中国水利教育协会全国水利水电高职教研会制定的工程力学学习指导与训练课程教学大纲编写完成的。本书是全国高职高专水利水电类专业规划教材《工程力学》(杨恩福、张生瑞主编,黄河水利出版社出版)的配套教材。全书共分12章,包括与主教材内容同步对应的各章学习指导、训练题及对应的参考答案等内容。

本书适用于高职高专和职大的水利水电类专业以及工业与民用建筑、道桥等土建类专业工程力学课程辅助教学,亦可作为水利水电工程等建筑工程技术人员的参考用书。

图书在版编目(CIP)数据

工程力学学习指导与训练/杨晓阳主编. —郑州:
黄河水利出版社,2010.2 (2011.6 修订重印)
全国水利行业规划教材
ISBN 978 - 7 - 80734 - 776 - 7

Ⅰ.①工… Ⅱ.①杨… Ⅲ.①工程力学 - 高等学校:
技术学校 - 教学参考资料 Ⅳ.①TB12

中国版本图书馆 CIP 数据核字(2010)第 000598 号

组稿编辑:王路平 电话:0371 - 66022212 E-mail:hhslwlp@ 163. com
　　　　　马 翀　　　　　66026749　　　　　machong2006@ 126. com

出 版 社:黄河水利出版社
　　　　　地址:河南省郑州市顺河路黄委会综合楼 14 层　邮政编码:450003
发行单位:黄河水利出版社
　　　　　发行部电话:0371 - 66026940、66020550、66028024、66022620(传真)
　　　　　E-mail:hhslcbs@ 126. com
承印单位:黄河水利委员会印刷厂
开本:787mm×1 092mm 　1/16
印张:9
字数:210 千字　　　　　　　　　印数:4 101—9 000
版次:2010 年 2 月第 1 版　　　　　印次:2011 年 6 月第 2 次印刷
　　　2011 年 6 月修订

定价:18.00 元

前　言

本书是根据《教育部、财政部关于实施国家示范性高等职业院校建设计划,加快高等职业教育改革与发展的意见》(教高[2006]14号)、《教育部关于全面提高高等职业教育教学质量的若干意见》(教高[2006]16号)等文件精神,由全国水利水电高职教研会拟定的教材编写规划,在中国水利教育协会指导下,由全国水利水电高职教研会组织编写的第二轮水利水电类专业规划教材。第二轮教材以学生能力培养为主线,具有鲜明的时代特点,体现出实用性、实践性、创新性的教材特色,是一套理论联系实际、教学面向生产的高职高专教育精品规划教材。

本书贯彻高等职业技术教育改革的精神,突出职业教育的特点,以能力素质的培养为指导思想。与主教材内容同步,例题典型,结合工程实际,重视对学生工程意识和力学素养的训练和培养。

本书编写人员及编写分工如下:沈阳农业大学高等职业技术学院杨晓阳(第一章和第九章),山西水利职业技术学院麻媛(第二章、第四章和第七章),浙江水利水电专科学校陈冬云(第三章和第十章),华北水利水电学院水利职业学院隋聚艳(第五章、第六章和第八章),内蒙古机电职业技术学院郑慧玲(第十一章和第十二章)。全书由杨晓阳担任主编并负责全书统稿,由麻媛、郑慧玲、陈冬云担任副主编,由浙江同济科技职业学院刘进宝担任主审。

由于编者水平有限,书中难免有不妥之处,恳请各位同行和广大读者批评指正。

编　者
2009 年 5 月

目 录

第一章 绪 论

学习指导

内容提要

本章的基本内容是工程力学的研究对象、工程力学的基本任务和研究内容、刚体、变形固体及其基本假设。

训练题

1-1 工程力学的研究对象是什么？

1-2 何为工程结构？

1-3 工程力学的任务有哪些？

1-4 工程力学有哪两类力学模型？

1-5 变形固体有哪些基本假设？

第二章　力的基本知识和物体的受力分析

学习指导

一、内容提要与学习注意事项

(一)力、力系、平衡的基本概念

1.力的基本概念

力是指物体间相互的机械作用,这种作用使物体的运动状态发生改变,同时还会使物体发生变形。

力对物体的作用效应取决于三个要素:力的大小、力的方向、力的作用点。

力的大小是衡量物体间相互作用的强弱程度。为了度量力的大小,国际单位制中,力的单位是牛[顿](N)或千牛[顿](kN),1 kN = 1 000 N。

力的方向是指方位与指向两个含义。

力的作用点是指力对物体的作用位置。

力的图示法是用一带箭头的直线段来表示力矢量的方法。

2.力系的概念

力系是作用于物体上的一群力或一组力。

力系分为平面力系和空间力系。工程力学中主要分析平面力系。

若作用于物体上的一个力系可用另一个力系来代替,而不改变力系对物体的作用效应,则这两个力系称为等效力系。

3.平衡的概念

物体相对于地球处于静止状态或做匀速直线运动时,称物体处于平衡状态。

如果物体在某一力系作用下保持平衡状态,则该力系称为平衡力系。

(二)荷载的分类

工程中将主动作用在建筑物上的力称为荷载。

(1)按荷载作用性质可分为静荷载和动荷载。

(2)按荷载作用时间的长短可分为恒荷载和活荷载。

(3)按荷载作用范围大小可分为集中荷载和分布荷载。

(三)静力学公理

公理1(二力平衡公理)

作用于同一刚体上的两个力,使刚体处于平衡的必要与充分条件是:这两个力大小相等、方向相反、作用在同一条直线上。

该公理的适用条件:刚体。该公理说明了作用于同一刚体上的两个力的平衡条件。

公理 2(加减平衡力系公理)

在作用于刚体的任意力系中,加上或减去一个平衡体系,并不改变原力系对刚体的作用效应。

该公理的适用条件:刚体。该公理是力系等效代换的基础。

公理 3(力的平行四边形法则)

作用于物体上同一点的两个力,可以合成一个合力。其合力作用线通过该点,合力的大小和方向由这两个力为邻边所构成的平行四边形的对角线来表示。

公理的适用条件:该法则既是两个共点力的合成法则,又是力的分解法则。

公理 4(作用与反作用定律)

两物体间相互作用的力,总是同时存在的,两个力大小相等、方向相反、沿同一直线,分别作用在两个物体上。

该公理的适用条件:物体。该公理说明了物体间相互作用的关系。

推论 1(力的可传性原理)

作用在刚体上某点的力,可沿其作用线移至刚体上的任意一点,而不改变它对刚体的作用效应。

该推论的适用条件:刚体。

推论 2(三力平衡汇交定理)

一刚体受三个共面不平行的力作用而处于平衡时,这三个力的作用线必汇交于一点。

该推论的适用条件:刚体。

(四)力的投影

工程力学中的力学分析与计算,是以力在坐标轴上的投影原理为基础的。

1. 力在平面直角坐标轴上的投影

由几何关系得出力投影的计算公式为

$$F_x = \pm F\cos\alpha \quad F_y = \pm F\sin\alpha \tag{1-1}$$

式中:α 为力 F 与 x 轴所夹的锐角。

F_x、F_y 的正负号按上述规定可由直观判断确定。投影的正负号规定:从投影的起点到终点的指向与坐标正方向一致时,投影取正号;反之为负。

若已知力 F 在 x 轴和 y 轴上的投影 F_x 和 F_y,则

$$\left. \begin{array}{l} F = \sqrt{F_x^2 + F_y^2} \\ \tan\alpha = \left| \dfrac{F_y}{F_x} \right| \end{array} \right\} \tag{1-2}$$

式中:α 为力 F 与 x 轴所夹的锐角。力 F 的具体方向可由 F_x、F_y 的正负号来确定。

2. 力在空间直角坐标轴的投影

力在空间直角坐标轴上的投影有一次投影法和二次投影法两种方法。

1)一次投影法(直接投影法)

$$\left. \begin{array}{l} F_x = \pm F\cos\alpha \\ F_y = \pm F\cos\beta \\ F_z = \pm F\cos\gamma \end{array} \right\} \tag{1-3}$$

式中正负号的确定同前,α、β、γ分别为力F与坐标轴x、y、z正向之间的夹角。

2)二次投影法

$$\left.\begin{array}{l} F_x = \pm F_{xy}\cos\theta = \pm F\sin\alpha\cos\theta \\ F_y = \pm F_{xy}\sin\theta = \pm F\sin\alpha\sin\theta \\ F_z = \pm F\cos\alpha \end{array}\right\} \tag{1-4}$$

式中正负号的确定同前。若已知力F在空间的投影值为F_x、F_y、F_z,则

$$\left.\begin{array}{c} F = \sqrt{F_x^2 + F_y^2 + F_z^2} \\ \cos\alpha = \dfrac{F_x}{F} \quad \cos\beta = \dfrac{F_y}{F} \quad \cos\gamma = \dfrac{F_z}{F} \end{array}\right\} \tag{1-5}$$

3. 合力投影定理

平面汇交力系的合力在任一轴上的投影等于各分力在同一轴上投影的代数和,即

$$\left.\begin{array}{l} F_{Rx} = \sum F_x = F_{1x} + F_{2x} + \cdots + F_{nx} \\ F_{Ry} = \sum F_y = F_{1y} + F_{2y} + \cdots + F_{ny} \end{array}\right\} \tag{1-6}$$

(五)力矩及计算

1. 力对点之矩

(1)力矩:力的大小与力臂的乘积并加以相应的正负号称为力F对O点之矩,即

$$M_O(F) = \pm Fd \tag{1-7}$$

式中:正负号一般规定,力使物体绕矩心逆时针旋转时取正,反之取负。力矩单位为N·m或kN·m。

(2)力矩的作用效应:转动效应。

2. 力对轴之矩

力对轴之矩等于该力在垂直于该轴的平面上的分力对轴与平面交点的矩,即

$$M_z(F) = M_O(F_{xy}) = \pm Fd \tag{1-8}$$

式中:正负号表示力F_{xy}使物体绕z轴转动的方向,可用右手法则来确定。即由右手四指表示物体绕z轴转动的方向,若大拇指指向与z轴正向相同,则为正号;反之为负号。

3. 合力矩定理

平面汇交力系的合力对平面内任一点的矩,等于力系中各分力对同一点力矩的代数和,即

$$M_O(F_R) = M_O(F_1) + M_O(F_2) + \cdots + M_O(F_n) = \sum M_O(F_i) \tag{1-9}$$

合力矩定理的应用,可简化力矩的计算。

(六)力偶及其性质

1. 力偶

由大小相等、方向相反、不共线的两个平行力组成的力系,称为力偶,用符号(F, F')表示。力偶的二力之间的垂直距离d称为力偶臂。力偶同样使物体产生转动效应。其转动效应用力偶矩来度量,记为m,用公式可表示为

$$m = \pm Fd$$

式中:正负号规定,力偶使物体逆时针转动时,力偶矩为正;反之为负。

2.力偶的性质

(1)力偶没有合力,故不能用一个力来代替。

(2)力偶对其作用平面任一点之矩恒等于其力偶矩,而与矩心位置无关。

(3)在同一平面内的两个力偶,如果它们的力偶矩大小相等、转向相同,则这两个力偶等效。

力偶对物体的转动效应,完全取决于力偶的三要素,即力偶矩的大小、力偶的转向和力偶的作用面。

(七)约束和约束反力

1.约束和约束反力的概念

限制非自由体运动的其他物体,称为约束。

约束对被约束物体的作用力,称为约束反力。约束反力的方向总是与物体的运动或运动趋势的方向相反,它的作用点为约束与被约束物体的接触点。

2.七种常见约束及约束反力分析

1)柔性约束

由不计自重的绳索、链条和胶带等柔性体所构成的约束,称为柔性约束。其约束反力的方向必沿着柔性体的中心线背离被约束的物体,用 F_T 表示。

2)光滑接触面约束

不计摩擦的光滑平面或曲面对物体的运动加以限制时,称为光滑接触面约束,其约束反力的方向沿着接触面的公法线方向,指向被约束的物体,通常以 F_N 来表示。

3)圆柱铰链约束

圆柱铰链简称铰链或中间铰,圆柱铰链的约束反力 F_C 在垂直于销钉轴线的平面内,通过销钉中心,而方向未定,为了解决方向未定的问题,通常将 F_C 分解为两个相互垂直的分力 F_{Cx} 和 F_{Cy} 来表示。

4)链杆约束

链杆是两端用铰链与其他物体相连且中间不受力的直杆。链杆的约束反力总是沿链杆的轴线方位,指向或为拉,或为压,用 F_{AB} 来表示。链杆是二力杆的一种特殊形式。

二力杆是指受到两个力作用,达到平衡的杆件。判断二力杆的条件是:两端铰结,中间不受力的杆件。二力杆可以是直杆、曲线杆或折线杆等形式。

5)固定铰支座

用光滑圆柱铰链把结构物或构件与支座连接,并将支座固定在支承物上,这样构成的支座,称为固定铰支座。固定铰支座的约束性能与圆柱铰链相同,故其支座反力也用相互垂直的分力 F_{Ax} 和 F_{Ay} 来表示,方位、指向均为假设。

6)可动铰支座

在固定铰支座底板与支承面之间安装若干个辊轴,这样构成的支座,称为可动铰支座,可动铰支座的支座反力通过铰链中心,垂直于支承面,其指向假定,表示符号为 F_B。

7)固定端支座

固定端支座是工程结构中常见的一种支座,它是将构件的一端插入一固定物而构成的。例如,钢筋混凝土柱插入基础的连接端或嵌入墙体的悬臂梁的嵌入端都属于固定端支座。该支座连接处属于刚性连接,故支座反力可简化为阻止构件不能移动的两个分力 F_{Ax}、F_{Ay} 和阻止构件不能转动的反力偶矩 M_A。

(八)物体的受力分析与受力图

1.概念

研究力学问题时,分析物体受到哪些力的作用,这些力当中哪些是已知力,哪些是未知力,并对未知力进行力学计算的过程,称为受力分析。

在进行物体的受力分析时,把所分析的物体称为研究对象。

从结构体中解除了约束被分离出来的研究对象,称为分离体或脱离体。

在研究对象的分离体图形上画出周围物体对它的全部作用力(包括主动力和约束反力),这种表示物体受力情况的图形,称为受力图。

2.受力图的绘制步骤

(1)选取研究对象,并作出分离体图。由题意选取合适的研究对象,可以是一个构件,也可以是几个构件的组成部分。

(2)画出分离体所受的主动力。

(3)画出分离体所受的约束反力,根据约束的性质加以分析。

3.注意事项

(1)结构中有二力杆时,应优先分析二力杆。

(2)应注意作用力与反作用力的分析。

(3)在对物体系统进行分析时,应注意整体与部分的受力图,在同一位置处力的表示应一致。

(九)结构的计算简图

1.概念

在对结构进行力学分析之前,应首先将实际结构进行抽象和简化,使之既能反映实际的主要受力特征,又能使计算简化,我们把这种用来代替实际结构的力学模型叫做结构的计算简图。

2.结构简化应遵循的原则

(1)从实际出发,计算简图要反映实际结构的主要性能,使计算结果安全可靠。

(2)分清主次,略去次要因素,力求计算简便。

3.结构简化要点

(1)结构体系的简化。把实际的空间体系在可能的条件下简化或分解为若干个平面结构体系,这样对整个的空间体系的计算就可以简化为对平面体系结构的计算。

(2)杆件的简化。在计算简图中,可以用杆件的轴线来代替杆件实体,忽略截面形状和尺寸的影响。

(3)结点的简化。结构中杆件相互连接在一起的区域称为结点,通常根据其实际构造和结构受力特点,可简化为铰结点、刚结点和组合结点三种形式。

(4)支座的简化。按受力特征,支座通常简化为固定铰支座、可动铰支座、固定端支座和定向支座等四种基本类型。

(5)荷载的简化。通常将实际结构构件上所受到的各种荷载简化为作用在构件纵轴上的线荷载、集中荷载和力偶三种形式。

二、精选例题

【例 2-1】 已知 $F_1 = 150$ N,$F_2 = 100$ N,$F_3 = 60$ N,$F_4 = 80$ N,各分力方向如图 2-1 所示。试分别求出各分力在 x 轴和 y 轴的投影。

解 由投影计算原理知

$$F_{1x} = F_1\cos30° = 150 \times \cos30° = 129.9(\text{N})$$
$$F_{1y} = F_1\sin30° = 150 \times \sin30° = 75(\text{N})$$
$$F_{2x} = F_2 \times \frac{3}{5} = 100 \times \frac{3}{5} = 60(\text{N})$$
$$F_{2y} = -F_2 \times \frac{4}{5} = -100 \times \frac{4}{5} = -80(\text{N})$$
$$F_{3x} = 0$$
$$F_{3y} = F_3 = 60 \text{ N}$$
$$F_{4x} = -F_4\sin45° = -80 \times \cos45° = -56.57(\text{N})$$
$$F_{4y} = F_4\sin45° = 80 \times \cos45° = 56.57(\text{N})$$

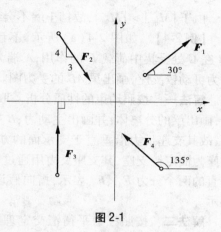

图 2-1

【例 2-2】 如图 2-2 所示电线杆,其上端两根钢丝绳的拉力为 $F_1 = 120$ N,$F_2 = 100$ N,试分别计算力 F_1 和 F_2 对电线杆下端 O 点之矩。

解 从矩心 O 点分别向力 F_1 与 F_2 的作用线作垂线,得 F_1 的力臂 OB 和 F_2 的力臂 OC,则由力矩定义得

$$M_O(F_1) = F_1 \cdot OB = F_1 \cdot OA\sin30°$$
$$= 120 \times 8 \times \frac{1}{2} = 480(\text{N}\cdot\text{m})$$
$$M_O(F_2) = -(F_2 \cdot OC) = -F_2 \cdot OA \cdot \frac{3}{5}$$
$$= 100 \times 8 \times \frac{3}{5} = -480(\text{N}\cdot\text{m})$$

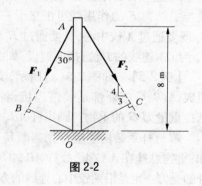

图 2-2

【例 2-3】 如图 2-3 为一重力式挡土墙。已知挡土墙自重 $G = 95$ kN,墙背上承受压力 $P = 65$ kN,试校核挡土墙的稳定性(即此挡土墙是否会倾倒)。

解 挡土墙在土压力 P 的作用下,可能绕 C 点倾倒,而自重 G 则可抵抗倾倒。因此,应取 C 点为矩心,分别计算使挡土墙倾覆的力矩和抵抗倾覆力矩。但在计算土压力 P 对 C 点的力矩时,由于力臂的计算比较麻烦,则根据合力矩定理,将 P 分解为水平分力 P_x 和竖向分力 P_y 来进行计算。

由图可知,水平分力 P_x 有使挡土墙绕 C 点倾覆的趋势,而分力 P_y 和 G 却有抵抗挡土墙绕 C 点倾覆的作用。现分别计算倾覆力矩和抗倾力矩如下

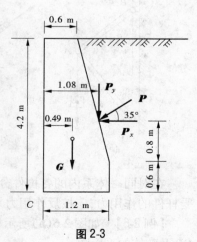

图 2-3

$$M_{倾} = M_C(\pmb{P}_x) = P\cos35° \times (0.8 + 0.6)$$
$$= 65 \times \cos35° \times (0.8 + 0.6) = 74.54(\text{kN} \cdot \text{m})$$
$$M_{抗} = M_C(\pmb{G}) + M_C(\pmb{P}_y) = -G \times 0.49 - P\sin35° \times 1.08$$
$$= -95 \times 0.49 - 65 \times \sin35° \times 1.08 = 86.8(\text{kN} \cdot \text{m})$$

由于$|M_{抗}| > |M_{倾}|$，故挡土墙不会绕C点倾覆，满足稳定性要求。

【例2-4】 如图2-4(a)所示，不计自重的简支梁AB在C处受集中荷载F的作用，A端为固定铰支座，B端为可动铰支座，画出梁AB的受力图。

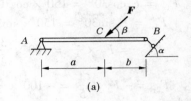

解法一 按照约束的性质分析。取AB梁为研究对象，画出梁的分离体，并画出主动力；B支座为可动铰支座，故其支座反力沿垂直于支承面的方位，指向假设；A支座为固定铰支座，其支座反力用通过铰链中心的互相垂直的两个分力$\pmb{F}_{Ax}$、$\pmb{F}_{Ay}$表示，指向假设。如图2-4(b)所示。

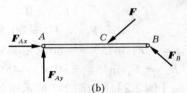

解法二 按照三力平衡汇交定理来分析。由于B支座的支座反力方位是明确的，指向假设，故$\pmb{F}_B$的作用线与主动力F的作用线可汇交于一点O，这样第三个力$\pmb{F}_A$既要通过A铰中心，又要通过F与$\pmb{F}_B$的汇交点O，则$\pmb{F}_A$为OA连线的方位，指向假设，如图2-4(c)所示。

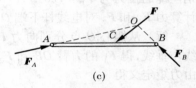

图2-4

【例2-5】 如图2-5(a)所示，支架由杆AB和杆AC组成，A、B、C三处都是铰链连接，各杆自重不计，在铰A悬挂重量为G的重物。画出杆AB、AC及铰A的受力图。

解 杆系结构中应首先判断是否有二力杆，若有二力杆，应首先分析二力杆。由题意知：重物悬挂在A铰上，故杆AB、AC均为两端铰结、中间不受力的杆件，都是二力杆。二力杆的受力一定是沿两铰中心连线的方位，指向或为拉或为压。如图2-5(b)所示。

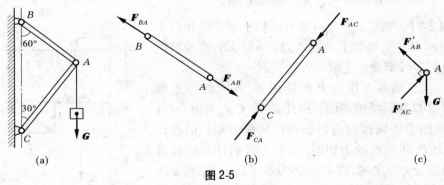

图2-5

在对同一体系内的各构件分析时，注意作用与反作用的分析，如图2-5(c)中，A铰所受杆件的作用力，应按反作用力来标注。

【例2-6】 如图2-6(a)所示杆系结构，各杆自重不计，A、B、C均为铰结，试作出杆AC、BD及整体的受力图。

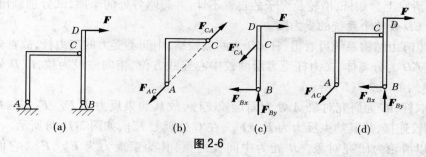

图 2-6

解 （1）该体系为杆系结构，由杆 AC 和杆 BD 组成。由于杆 AC 为两端铰结、中间不受力的二力杆，故先取杆 AC 为研究对象。二力杆受力沿两铰中心连线方位，指向假设为拉，在 A、C 处画上拉力 F_{AC}、F_{CA}，如图 2-6(b)所示。

（2）取杆 BD 为研究对象，画出分离体图。首先画上作用于 D 点的主动力 F；在 C 处受到杆 AC 的作用力 F'_{CA}，它与 F_{CA} 互为作用力与反作用力；B 铰为固定铰支座，故约束反力为 F_{Bx}、F_{By}，如图 2-6(c)所示。

（3）取整体为研究对象。此时杆 AC 和杆 BD 在 C 处铰接，整体分析时该处为内力，不必画出。这样，系统所有受力有主动力 F 及约束力 F_{AC}、F_{Bx}、F_{By}，如图 2-6(d)所示。

【例 2-7】 如图 2-7(a)所示，结构由杆 AC、杆 CD 与滑轮 B 铰接组成。物体重 G，用

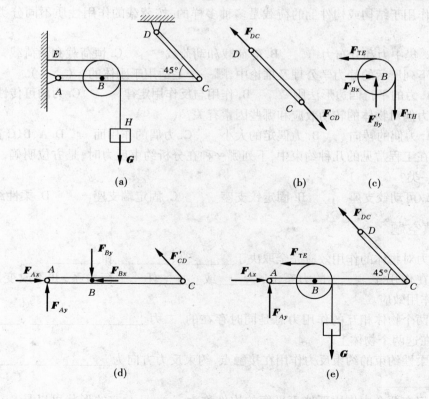

图 2-7

绳子挂在滑轮上。如杆、滑轮及绳子的自重不计,并忽略各处的摩擦,试分别画出滑轮 B、杆 AC、杆 CD 及整个系统的受力图。

解 (1)由结构系统可看出,杆 CD 为两端铰结、中间不受力的二力杆,故首先进行分析。取杆 CD 为分离体,二力杆受力沿两铰中心连线方位,指向假设为拉,C、D 处画上拉力 $\boldsymbol{F}_{CD}$、$\boldsymbol{F}_{DC}$,如图 2-7(b)所示。

(2)取杆 AC 为研究对象,A 处为固定铰支座,故其约束反力为 $\boldsymbol{F}_{Ax}$、$\boldsymbol{F}_{Ay}$;在 B 处与滑轮用中间铰连接,故其约束反力为 $\boldsymbol{F}_{Bx}$、$\boldsymbol{F}_{By}$,在 C 处画上 $\boldsymbol{F}'_{CD}$,如图 2-7(d)所示。

(3)以滑轮为研究对象。B 处为中间铰约束,其约束反力为 $\boldsymbol{F}'_{Bx}$、$\boldsymbol{F}'_{By}$,它们分别与 $\boldsymbol{F}_{Bx}$、$\boldsymbol{F}_{By}$ 互为作用力与反作用力;在 E、H 处有绳索的拉力 $\boldsymbol{F}_{TE}$、$\boldsymbol{F}_{TH}$,如图 2-7(c)所示。

(4)以整体为研究对象。此时杆 AC 与杆 CD 在 C 处铰接,滑轮与杆 AC 在 B 处铰接,这两处在整体分析时,属于内力,不必画出。这样,系统所受力有主动力 $\boldsymbol{G}$、约束反力 $\boldsymbol{F}_{DC}$、$\boldsymbol{F}_{TE}$、$\boldsymbol{F}_{Ax}$、$\boldsymbol{F}_{Ay}$,如图 2-7(e)所示。

训练题

一、选择题

2-1 作用于结构或构件上的荷载是多种多样的,按荷载的作用性质不同分类,可将荷载分为( )。

　　　　A. 集中力和分布力　　　　B. 静荷载和动荷载　　　　C. 恒荷载和活荷载

2-2 下列所示的静力学公理及推论中,哪一个是适用于刚体的?( )

　　　　A. 力的平行四边形法则　　　　B. 作用与反作用定律　　　　C. 力的可传性原理

2-3 力偶对物体的转动效应和哪些因素有关?( )

　　　　A. 力偶的转向　　　B. 力偶矩的大小　　　C. 力偶的作用面　　　D. A、B、C 都有关

2-4 在工程常见的几种约束中,下列哪一种在分析约束反力时,是方位明确,但指向不明确的一类?( )

　　　　A. 可动铰支座　　　B. 固定铰支座　　　C. 固定端支座　　　D. 柔性约束

二、填空题

2-5 力对物体的作用效应完全取决于_____、_____和_____。

2-6 在作用于_____的力系上,_____或_____任一平衡力系,并不改变原力对_____的作用效应。

2-7 两个物体相互的作用力总是同时存在的,二力_____、_____、_____,分别作用在这两个物体上。

2-8 柔性约束的约束反力作用在接触点,约束反力方向为_____。

2-9 仅在两个力作用下处于平衡的构件称为_____,它的形状可以是_____、_____或_____。

2-10 作用在_____上某点的力,可沿其_____移至刚体上任一点,并不改变该力对_____。

2-11 固定端支座的支座反力可简化为_____、_____和_____三个分量。

2-12 两端以_____与不同物体连接,中间_____的_____称为链杆约束。

三、计算题

2-13 如图 2-8 所示,固定的圆环上作用着共面的三个力,已知 $F_1 = 10$ kN,$F_2 = 20$ kN,$F_3 = 25$ kN,三力均通过圆心 O。试求此力系合力在 x 轴和 y 轴上的投影。

2-14 试分别计算图 2-9 所示闸门上的力 F_1 及 F_2 对铰 A 之矩。已知 $F_1 = 65$ kN,$F_2 = 30$ kN。

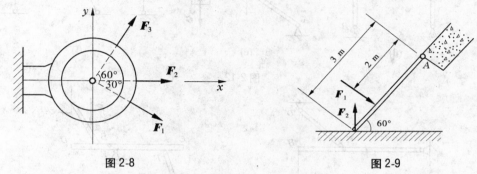

图 2-8　　　　　　　　图 2-9

2-15 试计算图 2-10 中力 F 对 O 点之矩。

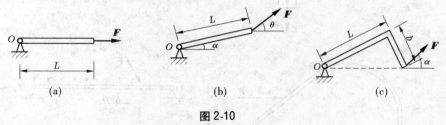

(a)　　　　　　(b)　　　　　　(c)

图 2-10

四、作图题

2-16 求图 2-11 所示各分布荷载对 A 点之矩。

2-17 画出图 2-12 中各物体的受力图。

2-18 画出图 2-13 所示每个物体和整体的受力图。

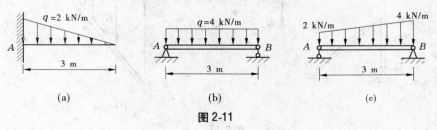

(a)　　　　　　(b)　　　　　　(c)

图 2-11

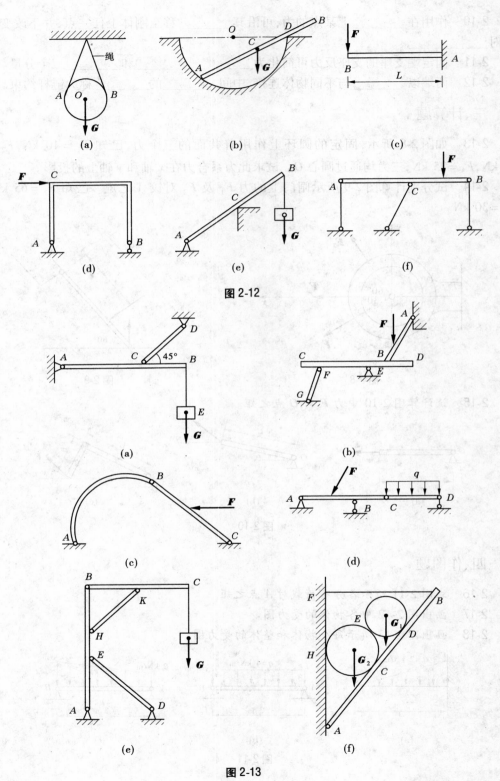

图 2-12

图 2-13

第三章 力系的合成与平衡

学习指导

一、内容提要与学习注意事项

本章的主要内容是平面汇交力系、平面力偶系以及平面一般力系的合成与平衡。考虑滑动摩擦时物体平衡问题以及空间力系问题只作简单介绍。

（一）平面汇交力系的合成

平面力系中各力作用线汇交于同一点时,该力系称为平面汇交力系。平面汇交力系的合成可采用几何法和解析法,多采用解析法。

1. 几何法

该方法是力三角形法的连续应用,又称为力多边形法。具体做法:将力系中各力矢首尾相连,合力矢是力多边形的封闭边,且作用线通过力系的汇交点。

2. 解析法

该方法以合力投影定理为基础,如图 3-1 所示,先计算合力在直角坐标轴上两个投影值 F_{Rx}、F_{Ry},再用式(3-1)求合力 F_R 大小,用式(3-2)计算合力方向。

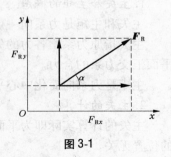

$$F_R = \sqrt{F_{Rx}^2 + F_{Ry}^2} \tag{3-1}$$

$$\mathrm{acrtan}\alpha = \frac{F_{Ry}}{F_{Rx}} \tag{3-2}$$

图 3-1

计算时,应注意投影轴的选择。一对正交的投影轴可以任意选取,使得各力的投影计算简单为最佳。

（二）平面汇交力系的平衡

(1)几何条件:力多边形自行封闭。

(2)解析条件:力系中各力在两个坐标轴上的投影的代数和为零,即

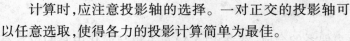

$$\left. \begin{array}{l} \sum F_x = 0 \\ \sum F_y = 0 \end{array} \right\} \tag{3-3}$$

式(3-3)为平面汇交力系的平衡方程。

通过这两个独立的平衡方程可以求出两个未知力。利用该平衡方程求解未知力时,若可以确定力的作用线方向而力的指向未定,可以预先假设力的指向,通过平衡方程求出未知力后,根据计算结果的正负号确定未知力的指向。若计算结果为正,说明假设的指向与实际指向相同;若计算结果为负,则说明假设的指向与实际相反。

求解平面汇交力系平衡问题时需要注意:选择适当的研究对象,选择适当的投影轴,这样会使计算过程简单。在精选例 3-1 中可以体会到这一点。

(三)平面力偶系的合成

平面力偶系合成时要用到力偶的性质。这里需要复习前面学习过的力偶性质:力偶没有合力,力偶不是平衡力系,力偶不能与一个力平衡,因此力偶只能与力偶平衡。力偶对物体的转动效应取决于力偶矩的大小。利用力偶的性质可得

$$M = m_1 + m_2 + \cdots + m_n = \sum m_i \tag{3-4}$$

式(3-4)表明平面力偶系合成的最终结果是一个力偶,合力偶的力偶矩等于各分力偶矩的代数和。

(四)平面力偶系的平衡

平面力偶系的平衡条件为力偶系中各力偶矩的代数和为零,即

$$\sum m_i = 0 \tag{3-5}$$

平面力偶系的平衡方程只有一个独立的方程,因此只能求解一个未知力。

利用平面力偶系的平衡条件求解实际问题时,要注意力偶只能与力偶平衡这一性质。利用这个性质通常可以先将未知力的方向确定,再利用平衡方程求出未知力大小。可参考例 3-2。

(五)平面任意力系

1. 主矢和主矩的概念

主矢和主矩是力系向一点简化过程中产生的。

主矢指原力系中各力的矢量和。主矢可以理解成是原力系向简化中心平移后得到的平面汇交力系的合力。

主矩是力系向简化中心平移时得到的附加力偶系的合力偶。

2. 主矢的计算

主矢的计算实际即为平面汇交力系的合成,参考式(3-1)、式(3-2)。主矢与简化中心的位置无关。

3. 主矩的计算

主矩的计算实际即为平面力偶系的合成,参考式(3-4)。主矩与简化中心的位置有关,一般随简化中心的位置改变而改变。

4. 平面任意力系合成的结果

平面任意力系向一点简化的结果见表 3-1。

5. 平面任意力系的平衡

平面任意力系平衡方程的形式有以下三种:

基本形式

$$\left. \begin{array}{l} \sum F_x = 0 \\ \sum F_y = 0 \\ \sum M_O(\boldsymbol{F}) = 0 \end{array} \right\} \tag{3-6}$$

表 3-1　平面任意力系向一点简化的结果

主矢	主矩	最终结果	说明
$F_R \neq 0$	$M_O = 0$	合力	合力作用线通过简化中心
	$M_O \neq 0$		合力作用线到简化中心的距离 $d = \dfrac{M_O}{F_R}$
$F_R = 0$	$M_O \neq 0$	合力偶	主矩与简化中心位置无关
	$M_O = 0$	平衡	平面任意力系平衡的条件

二力矩形式

$$\left.\begin{array}{l} \sum F_x = 0 \\ \sum M_A(F) = 0 \\ \sum M_B(F) = 0 \end{array}\right\} \tag{3-7}$$

其中 A、B 两点的连线不能与投影轴 x 垂直。

三力矩形式

$$\left.\begin{array}{l} \sum M_A(F) = 0 \\ \sum M_B(F) = 0 \\ \sum M_C(F) = 0 \end{array}\right\} \tag{3-8}$$

其中 A、B、C 三点不能在同一直线上。

平面任意力系平衡方程可以写成多种形式,因此在利用平衡方程求解未知力时,必须具有清晰的解题思路。要恰当地选择研究对象,恰当地选择平衡方程的形式,恰当地选择投影轴及矩心。平衡方程的选择原则为一个平衡方程能求解一个未知力,尽量避免联立求解方程组。根据平面任意力系的平衡方程最多能列出 3 个相互独立的平衡方程,最多能求解 3 个未知力。

(六)物体系统的平衡问题

在研究物体系统的平衡问题时,不仅要知道外界物体对这个系统的作用力,同时还应分析系统内部物体之间的相互作用力。通常将系统以外的物体对这个系统的作用力称为**外力**,系统内各物体之间的相互作用力称为**内力**。在计算物体系统的平衡问题时,研究对象的选取是关键,可以选取整个物体系统作为研究对象,也可以选取物体系统中某部分物体(一个物体或几个物体的组合)作为研究对象,以建立平衡方程。

(七)* 考虑滑动摩擦时物体平衡问题

理解静滑动摩擦定律与动滑动摩擦定律。

考虑摩擦时物体的平衡,与不考虑摩擦时相同,作用在物体上的力系应满足平衡条件,解题的分析方法和步骤也基本相同。需要注意的是这类问题的特点是:受力分析时必须考虑摩擦力,其方向与物体相对滑动趋势方向相反;静滑动摩擦力在一定范围内变化,因此问题的解答常为不等式形式,即在一个范围内平衡。若物体处于临界平衡状态,静摩擦力达到最大值,可以补充方程 $F_{max} = f_s F_N$。

(八)* 空间力系的合成与平衡

空间力系和平面力系一样,可以向一点简化为一个主矢和一个主矩,因此可以确定空间一般力系的平衡条件:力系中各力在三个坐标轴上投影的代数和等于零,同时对每一个轴之矩的代数和也为零,即

$$\left.\begin{array}{ccc} \sum F_x = 0 & \sum F_y = 0 & \sum F_z = 0 \\ \sum M_x(\boldsymbol{F}) = 0 & \sum M_y(\boldsymbol{F}) = 0 & \sum M_z(\boldsymbol{F}) = 0 \end{array}\right\} \tag{3-9}$$

二、精选例题

【例3-1】 如图3-2(a)所示链接四连杆机构 $CABD$ 的 C、D 两点是固定的。在铰 A 和铰 B 上给定的角度分别施加 $\boldsymbol{F}_1$、$\boldsymbol{F}_2$,不计各杆自重,求此四连杆机构处于平衡时,力 $\boldsymbol{F}_1$ 和力 $\boldsymbol{F}_2$ 需满足的条件。

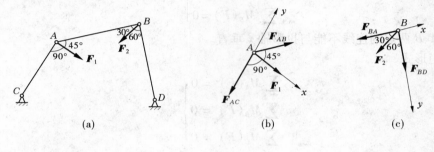

图3-2

解 欲求力 $\boldsymbol{F}_1$ 与 $\boldsymbol{F}_2$ 之间的关系,这两个力分别作用在铰 A 和铰 B 上,须按两个汇交力系,借助杆 AB 的内力,求出力 $\boldsymbol{F}_1$ 与 $\boldsymbol{F}_2$ 之间的关系。

(1)分别以铰 A 和铰 B 为研究对象,画其受力分析图如图 3-2(b)、(c)所示。

(2)恰当建立坐标轴如图示。

(3)对铰 A 列平衡方程

$$\sum F_x = 0 \qquad F_1 + F_{AB}\cos 45° = 0$$

得
$$F_{AB} = -\frac{F_1}{\cos 45°} \quad (\text{真实方向与假设方向相反})$$

对铰 B 列平衡方程

$$\sum F_x = 0 \qquad -F_2\cos 30° - F_{BA} = 0$$

得
$$F_{BA} = -F_2\cos 30°$$

由
$$F_{AB} = F_{BA}$$

得
$$F_2 = \frac{F_1}{\cos 45°\cos 30°} = 1.63F_1$$

本题利用了平面汇交力系的平衡方程,解题时注意投影轴的选择。

【例3-2】 如图3-3(a)所示结构,受给定力偶作用,求支座 A 的约束反力。

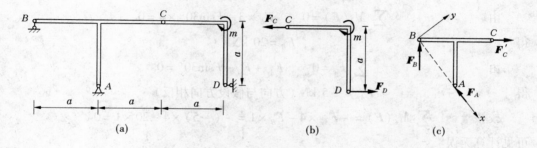

图 3-3

解 （1）以杆 CD 为研究对象。根据力偶只能与力偶平衡的性质，可知铰 C、铰 D 的约束反力构成力偶，因此铰 C、铰 D 的约束反力方向如图 3-3(b)所示。

由 $$\sum m_i = 0 \qquad m - F_C \cdot a = 0$$

得 $$F_C = \frac{m}{a}（方向与假设方向一致）$$

（2）以杆 ABC 为研究对象，根据作用反作用定理以及三力平衡汇交定理，可确定支座 B、A 的约束反力方向如图 3-3(c)所示。建立坐标系如图所示。

由 $$\sum F_y = 0 \qquad F_B \cos 45° + F'_C \cos 45° = 0$$

得 $$F_B = -F'_C = -\frac{m}{a}$$

由 $$\sum F_x = 0 \qquad -F_A - F_B \cos 45° + F'_C \cos 45° = 0$$

得 $$F_A = \frac{\sqrt{2}\,m}{a}（方向与假设方向一致）$$

本题利用了力偶的性质——力偶只能与力偶平衡，从而可以确定未知力的方向。

【例 3-3】 梁 AC 在 C 处受集中力 F 作用，若 $F = 30$ kN，试求 A、B 支座的约束反力。

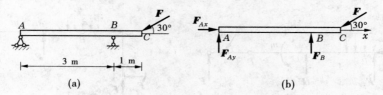

图 3-4

解 以杆 AB 为研究对象，画其受力分析图如图 3-4(b)所示。列平衡方程

由 $$\sum F_x = 0 \qquad F_{Ax} - F \cos 30° = 0$$

得 $$F_{Ax} = F \cos 30° = 30 \times \frac{\sqrt{3}}{2} = 25.98 (\text{kN})$$

由 $$\sum M_A(F) = 0 \qquad F_B \times 3 - F\sin 30° \times 4 = 0$$

得 $$F_B = 20 \text{ kN}$$

由 $$\sum F_y = 0 \qquad F_{Ay} + F_B - F\sin 30° = 0$$

得 $$F_{Ay} = -5 \text{ kN （方向与假设方向相反）}$$

校核 $$\sum M_C(F) = -F_{Ay} \times 4 - F_B \times 1 = -(-5) \times 4 - 20 \times 1 = 0$$

可见计算无误。

在本题计算过程中,平衡方程的形式可以是投影形式也可以是力矩形式,如何选取平衡方程的形式,需要根据实际问题灵活确定。原则是列一个平衡方程就能求出一个未知力,避免联立求解方程组。在画研究对象受力分析图时,未知力的大小、方向均未知,此时需假设未知力方向画在受力分析图中:计算结果为正,说明假设方向与实际方向一致;计算结果为负,说明假设方向与实际方向相反,不必修改受力分析图,列平衡方程时仍以原平衡方程为准,只是计算时力代入负号即可。

【例 3-4】   如图 3-5 所示的结构由构件 AB、BD 及 DE 构成,A 端为固定端约束,B 及 D 处用光滑圆柱铰链连接,支承 C、E 均为可动铰支座。已知集中荷载 F = 10 kN,均布荷载的集度 q = 5 kN/m,力偶矩大小 m = 30 kN·m,各杆自重不计。试求 A 处的反力。

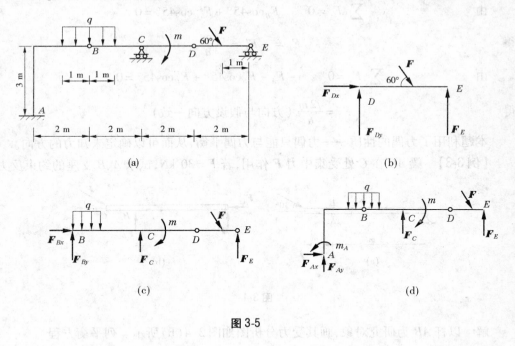

图 3-5

解   此问题为物体系统平衡问题,研究对象的选取是关键。若先以整体为研究对象,则不论如何建立平衡方程,均不能实现"避免求解方程组,一个平衡方程求出一个未知力"这个原则。因此,考虑先以杆 DE 为研究对象,求出 F_E,再取杆 BD、DE 组成的局部系统为研究对象,求出 F_C,最后以整体为研究对象。

（1）以杆 DE 为研究对象，画其受力分析图如图3-5（b）所示。

由 $$\sum M_D(\boldsymbol{F}) = 0 \qquad F_E \times 2 - F\sin 60° \times 1 = 0$$

得 $$F_E = \frac{F}{2}\sin 60° = \frac{1}{2} \times 10 \times \sin 60° = 4.33(\text{kN})$$

（2）再以杆 BD、DE 组成的系统为研究对象，其受力分析图如图3-5（c）所示。

由 $$\sum M_B(\boldsymbol{F}) = 0 \qquad 6F_E - 5F\sin 60° - m + 2F_C - \frac{1}{2}q \times 1 = 0$$

得 $$F_C = 24.91\ \text{kN}$$

（3）以整体为研究对象，画其受力分析图如图3-5（d）所示，列平衡方程。

由 $$\sum F_x = 0 \qquad F_{Ax} + F\cos 60° = 0$$

$$\sum F_y = 0 \qquad F_{Ay} + F_C + F_E - 2q - F\sin 60° = 0$$

$$\sum M_A(\boldsymbol{F}) = 0 \qquad 8F_E - 7F\sin 60° - 3F\cos 60° - m + 4F_C - 2q \times 2 + m_A = 0$$

解得 $$F_{Ax} = -5\ \text{kN} \qquad F_{Ay} = -10.58\ \text{kN} \qquad m_A = -8.66\ \text{kN} \cdot \text{m}$$

在本题中，物体系统中包含多个物体，利用平衡方程求解未知力时，需要考虑研究对象如何选取，列哪种形式的平衡方程。原则仍然是列一个方程即能求解一个未知力，避免联立求方程组。

训练题

一、选择题

3-1 用力多边形求平面汇交力系合力 F 的作图规则称为（　　）法则。

　　A.三角形　　　B.四边形　　　C.力多边形

3-2 平面汇交力系合力矢量应从第一分力矢量的（　　）画到最后一个分力矢量的（　　）。

　　A.坐标原点　　　B.终点　　　C.起点

二、填空题

3-3 作用于物体上的各力作用线都在同一平面内，而且都相交于一点的力系，称为_____。

3-4 平面汇交力系有_____个独立平衡方程，可求解_____个未知量。

三、计算题

3-5 连杆机构处于如图3-6所示的平衡位置，若各杆自重不计，求平衡时 m_1/m_2 的值。

3-6 在图3-7所示结构中，各构件的自重略去不计，在构件 AB 上作用一力偶矩为 M 的力偶，求支座 A 和支座 C 的约束反力。

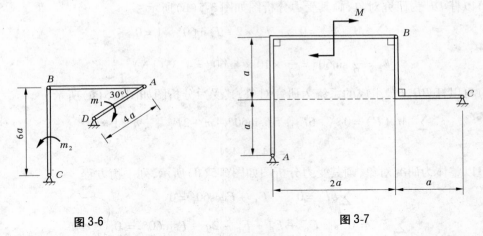

图 3-6

图 3-7

3-7 求图 3-8 所示静定刚架的支座反力。

3-8 多跨梁受荷载作用如图 3-9 所示。已知 $q = 5 \ \text{kN/m}$，$F = 30 \ \text{kN}$，梁自重不计，求支座 A、B、D 的反力。

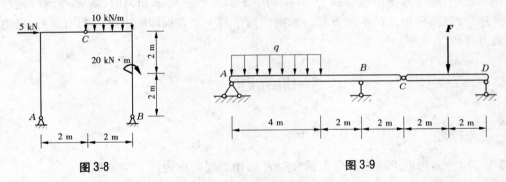

图 3-8

图 3-9

3-9 如图 3-10 所示的塔式起重机，机身总重量 $W = 220 \ \text{kN}$，最大起重量 $P = 50 \ \text{kN}$，平衡锤重 $Q = 30 \ \text{kN}$，试求空载及满载时轨道 A、B 的约束反力，并判断此起重机在空载和满载时会不会翻倒。

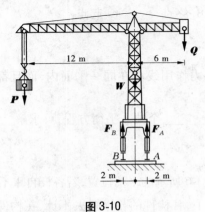

图 3-10

第四章　杆件的内力分析

学习指导

一、内容提要与学习注意事项

(一)杆件受力与变形特点

构件的受力可分为两大类,即外力和内力。

外力是指构件受其他构件对它的作用力,包括荷载和约束反力。

内力是指构件本身内部各部分之间的相互作用力。

在实际工程中,杆件可能受到各种各样的外力作用,其变形也是各种各样的,但归纳起来不外乎是以下四种基本变形及组合变形的情形。

1. 轴向拉伸与压缩变形

受力特点:杆件所受外力的作用线与杆轴线重合。

变形特点:杆件沿其轴线方向伸长或缩短的变形。

2. 剪切变形

受力特点:杆件受到一组大小相等、方向相反、作用线相距极近且垂直于杆轴线的外力作用。

变形特点:杆件横截面将沿外力方向产生错动变形。

3. 扭转

受力特点:杆件受一对大小相等、转向相反、作用在垂直于杆轴线的平面内的外力偶作用。

变形特点:任意两个横截面绕杆轴线产生相对扭转变形。

4. 平面弯曲变形

受力特点:杆件受到位于纵向对称平面内的外力作用。

变形特点:梁轴线在纵向对称平面内由直线变为曲线。

(二)内力・截面法

1. 内力

因构件受到外力作用而引起的构件内部相邻质点间相互作用力的改变量,称为附加内力,简称内力。

工程力学所研究的内力就是指附加内力,因内力是外力引起的,内力的大小随外力的变化而改变,若构件受到外力,则其截面上存在有内力,若没有外力,则内力不存在。

2. 内力分析基本方法——截面法

(1)截开。在所求内力的位置用一假想截面将构件截开。

（2）替代。截开构件分为两部分,取其中一部分为研究对象,把去掉的部分对保留部分的作用以力的形式来替代,该力即为截面上的内力。

（3）平衡。对保留的部分建立静力学平衡方程,求出其截面内力。

（三）轴向拉（压）杆的内力分析·轴力图

1.内力计算

1）截面法

按截面法的截开、替代、平衡三步分析,可得出轴向拉（压）杆其横截面上的内力与杆轴线重合,称为轴力,表示符号为 F_N。利用平衡条件可得出轴力的大小,轴力单位为 N 或 kN。

轴力的正负号规定:轴力以拉为正,压为负。

2）直接法

直接法是在截面法的基础上简化而得到的一种方法。直接法的计算法则为:任一截面上轴力数值等于截面一侧杆件上所有外力的代数和。外力符号规定:当外力背离截面时,在截面上产生正方向轴力;反之,则产生负方向轴力。

2.轴力图

当杆件受到多个外力作用时,杆件上不同横截面的轴力通常是不相等的。为了直观地表示轴力沿杆轴线的变化规律,选取与杆轴线相平行的 x 轴表示各截面的位置,取与杆轴线相垂直的坐标轴为 F_N 轴表示轴力的大小,从而绘出表示轴力与截面位置关系的图形,称为轴力图。

轴力图的绘制要求如下:

（1）正的轴力画在轴线上侧,负的轴力画在轴线的下侧。

（2）标明轴力数值的大小、单位、符号、图名。

注意:轴力图分析计算时,需分段处理,分段是以杆段中集中力的作用点为界分段。

（四）扭转杆的内力分析·扭矩图

1.外力偶矩计算

在工程实际中,发生扭转变形的构件多为机械设备中的传动轴,而常常给出的是传动轴的功率 N 和轴的转速 n,所以需要转换为外力偶矩,则

$$m_x = 9.55 \frac{N_k}{n} (\text{kN} \cdot \text{m}) \tag{4-1}$$

$$m_x = 7.02 \frac{N_p}{n} (\text{kN} \cdot \text{m}) \tag{4-2}$$

式中: N_k 为功率,kW; N_p 为功率,马力; n 为轴的转速,r/min。

2.扭转杆内力计算

1）截面法

按截面法的三步分析,可得出扭转杆横截面上的内力为内力偶,其内力偶矩称为扭矩,表示符号 M_x,利用平衡方程可求出扭矩的大小,扭矩单位为 N·m、kN·m。

扭矩符号规定:运用右手螺旋法则,伸出右手,四指与大拇指垂直,四指顺着扭矩的转向,若大拇指的方向背离截面,则扭矩为正,反之为负。

2）直接法

法则:任一截面上扭矩数值等于截面一侧所有外力偶矩的代数和。外力偶矩符号规定:运用右手螺旋法则,四指顺着外力偶的转向,拇指背离截面的外力偶,在截面上产生正方向扭矩,反之为负。

3. 扭矩图

当轴上作用多个外力偶时,轴上各个横截面上的扭矩通常是不相等的,为了直观地反映扭矩随杆轴的变化规律,则选取与杆轴线相平行的 x 轴表示各截面的位置,取与 x 轴相垂直的 M_x 轴表示扭矩的大小,从而绘出表示扭矩截面位置的图形,称为扭矩图。

扭矩图的绘制要求如下:

（1）正的扭矩画在轴线的上侧,负的扭矩画在轴线的下侧。

（2）在图上标明扭矩数值大小、单位、符号、图名。

注意:扭矩图分析时,需要分段绘制,分段是以杆轴中集中力偶作用面为界分段。

（五）梁弯曲时的内力分析·内力图。

1. **基本概念**

凡是弯曲变形的构件都称为梁。

梁有三种形式:悬臂梁、简支梁、外伸梁。

平面弯曲变形是弯曲变形中的一种特殊形式。当杆件在纵向对称平面内受力偶作用,或受到垂直于杆轴线的横向力作用时,杆轴线在纵向对称平面内变成一条曲线。

工程中梁横截面大多都有一根纵向对称轴,如矩形、T 形、工字形等,将各截面的纵向对称轴所连成的平面称为纵向对称平面。

本章所要分析的问题,均指梁在平面弯曲变形时的内力及内力图。

2. **两种方法计算梁的内力**

1）截面法

根据截面法的三步分析,可知梁发生平面弯曲时,其横截面上的内力有两种:剪力,用 F_Q 表示,单位为 N 或 kN;弯矩,用 M 表示,单位为 N·m 或 kN·mm。

剪力的符号规定:当横截面上的剪力绕截面形心顺时针旋转时为正,反之为负。

弯矩的符号规定:当横截面上的弯矩使截面邻近梁段的下部受拉时为正,反之为负。

截面法计算梁内力的步骤如下:

（1）求出支座反力。

（2）用假想截面在欲求内力处将梁截开,取其中一段为研究对象。

（3）画出研究对象的受力图。截面上的剪力、弯矩均按正方向假设。

（4）建立平衡方程,求解剪力、弯矩。

2）直接法

根据内力计算的基本方法——截面法总结规律得出内力计算的一种简易法,由外力直接计算内力。

（1）剪力 F_Q:梁上任一截面的剪力等于截面一侧所有外力沿截面方向投影的代数和。

剪力符号规定:对截面产生顺时针旋转的外力在截面上产生正剪力,反之为负,即"左上右下"为正方向剪力。

（2）弯矩 M：梁上任一截面的弯矩等于截面一侧所有外力对截面形心点力矩的代数和。

弯矩符号规定：对截面邻近梁段产生下侧受拉的外力或外力偶在截面上产生正弯矩，反之为负，即"左顺右逆"为正方向弯矩。

3. 内力方程绘制梁的内力图

通过前面的计算知道，梁的不同截面上的内力是不同的，即剪力和弯矩是随截面位置的变化而变化的，因而为了形象地看到内力的变化规律，通常是将剪力、弯矩沿梁长的变化情况用图形来表示，这种图形称为剪力图、弯矩图。

绘制剪力图、弯矩图的方法有三种，即列内力方程法、简易法和叠加法。基本方法为列内力方程法。若以梁轴线为 x 轴表示各截面位置，则有

$$F_Q = F_Q(x) \qquad 剪力方程 \qquad (4\text{-}3)$$

$$M = M(x) \qquad 弯矩方程 \qquad (4\text{-}4)$$

内力图的绘制要求：剪力图中正方向的剪力绘在轴线的上侧，负方向的剪力绘在轴线的下侧；标明剪力的大小、单位、符号、图名。弯矩图中正方向的弯矩绘在轴线的下侧，负方向的弯矩绘在轴线的上侧；标明弯矩的大小、单位、图名。

列内力方程绘制其函数图形的步骤：①计算支座反力；②分段，原则是以集中力或集中力偶的作用点、面处为界分段；③列出每一段的内力方程；④将内力方程的函数图形作出，即得到内力图。

由后面的例题可得内力图规律：在集中力作用的截面处，剪力图产生突变，突变数值等于该处对应集中力的大小，弯矩图无影响；在集中力偶作用的截面处，弯矩图产生突变，突变数值等于该处对应集中力偶矩的大小，剪力图无影响。

4. 用"简易法"绘制梁的内力图

简易法是以剪力、弯矩与荷载集度之间的微分关系为基础的一种内力图绘制方法。

剪力、弯矩与荷载集度之间的微分关系为

$$\frac{\mathrm{d}F_Q(x)}{\mathrm{d}x} = q(x) \qquad (4\text{-}5)$$

$$\frac{\mathrm{d}M(x)}{\mathrm{d}x} = F_Q(x) \qquad (4\text{-}6)$$

$$\frac{\mathrm{d}^2 M(x)}{\mathrm{d}x^2} = q(x) \qquad (4\text{-}7)$$

由上面的微分关系式可知：剪力的一阶导数是该截面分布荷载的集度，弯矩的一阶导数是该截面的剪力，弯矩的二阶导数是该截面分布荷载的集度。

由以上微分关系可得出各种荷载作用时，荷载内力图线型的规律，利用这些规律快速绘出梁的内力图，而不必再列内力方程。

简易法绘制内力图的步骤如下：

（1）利用平衡条件求支座反力。

（2）确定控制截面，根据外力情况选择，分别为：①支座、端点处；②集中力、集中力偶的左右两侧；③均布荷载的起点、终点处。

（3）计算每个控制截面内力数值。

（4）根据各种荷载作用时内力图的线型规律,判断各段内力图线型,并逐段画出内力图。

5.用叠加法绘制梁的弯矩图

在常见荷载作用下,梁的剪力图比较简单,一般不用叠加法绘制。我们只讨论叠加法作弯矩图。叠加法分为两种:一般叠加法与区段叠加法。

1)叠加原理

由多个荷载共同作用时所引起的某一参数(支座反力、内力、变形、应力)等于各个荷载单独作用时所引起的该参数值的代数和。

适用条件:必须是该参数与荷载呈线性关系。

2)一般叠加法画弯矩图

一般叠加法画弯矩图的步骤是先把作用在梁上的复杂荷载分成几组简单的荷载,分别作出各简单荷载单独作用下的弯矩图,然后将它们相应的纵坐标代数相加,就得到梁在复杂荷载作用下的弯矩图。

3)区段叠加法

基本原理:梁上任意一段都可以看做简支梁。这样将梁分段,每段梁都可用简支梁弯矩图的叠加法来作弯矩图,最后将各段梁的弯矩图拼合,即可得到梁的弯矩图。

区段叠加法计算步骤:①计算支座反力;②分段,原则是分界截面的弯矩值易求,所分梁段对应简支梁的弯矩图易画;③确定各梁段两端截面弯矩值;④以各梁段两端截面弯矩的连线作为基线,在此基线上叠加简支梁作用荷载时的弯矩图,即得该梁段的弯矩图。

二、精选例题

【例4-1】 杆件受力如图4-1(a)所示,试作出杆件的轴力图。

解 由图知:杆件为阶梯式的悬臂杆件,受到与轴线相重合的外力作用。

（1）求解支座反力。由于为悬臂杆件,故支座反力可不必求解。

（2）分段。以杆段中间集中力作用点为界将杆件分段处理,可分为 AB、BC、CD 三段。

（3）计算每段轴力数值。在这里应用轴力计算的直接法计算。

CD 段:在该段内任找一Ⅰ—Ⅰ截面,取截面一侧计算轴力,但由于支座反力未计算,则只能取右侧计算,由平衡条件可得

$$F_{N1} = -20 \text{ kN} \quad （压）$$

BC 段:在该段内任找一Ⅱ—Ⅱ截面,取截面右侧计算,则

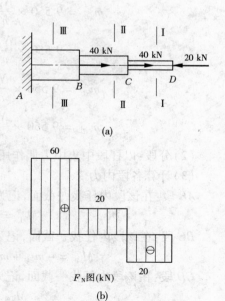

(a)

F_N图(kN)

(b)

图4-1

$$F_{N2} = -20 + 40 = 20(kN) \quad (拉)$$

AB 段:在该段内任找一Ⅲ—Ⅲ截面,取截面右侧计算,则

$$F_{N3} = -20 + 40 + 40 = 60(kN) \quad (拉)$$

(4)按轴力图的绘制要求,将各段轴力图绘出,如图4-1(b)所示。

结论:杆件上集中力的作用位置处,对应轴力图上一定会产生突变,且突变数值等于该处集中力的大小。

【例4-2】 一传动轴转速 $n = 250$ r/min,主动轮输入功率 $N_B = 7$ kW,从动轮 A、C、D 轮的输出功率分别为 $N_A = 3$ kW,$N_C = 2.5$ kW,$N_D = 1.5$ kW,如图4-2(a)所示。试绘该轴的扭矩图。

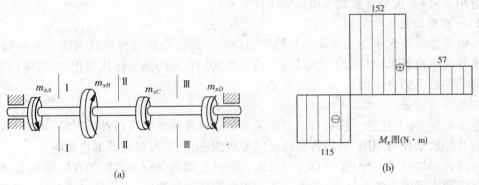

图 4-2

解 (1)计算外力偶矩。

$$m_{xB} = 9\,550 \times \frac{N_B}{n} = 9\,550 \times \frac{7}{250} = 267(N \cdot m)$$

$$m_{xA} = 9\,550 \times \frac{N_A}{n} = 9\,550 \times \frac{3}{250} = 115(N \cdot m)$$

$$m_{xC} = 9\,550 \times \frac{N_C}{n} = 9\,550 \times \frac{2.5}{250} = 95(N \cdot m)$$

$$m_{xD} = 9\,550 \times \frac{N_D}{n} = 9\,550 \times \frac{1.5}{250} = 57(N \cdot m)$$

(2)分段:以杆段中集中力偶作用面为界分段,可分为 AB、BC、CD 三段。

(3)计算各段内力。

AB 段:在该段内任找一截面,记为Ⅰ—Ⅰ截面,取该截面左侧计算,则

$$M_{xⅠ} = -m_{xA} = -115\,N \cdot m$$

BC 段:在该段内任找一截面,记为Ⅱ—Ⅱ截面,取该截面左侧计算,则

$$M_{xⅡ} = -m_{xA} + m_{xB} = -115 + 267 = 152(N \cdot m)$$

CD 段:在该段内任找一截面,记为Ⅲ—Ⅲ截面,取该截面右侧计算,则

$$M_{xⅢ} = m_{xD} = 57\,N \cdot m$$

(4)按照各段内力数值,作扭矩图,如图4-2(b)所示。

结论:杆轴上集中力偶作用位置处,对应扭矩图上一定会产生突变,且突变数值等于

该处集中力偶矩的大小。

【例 4-3】 试用直接法求图 4-3 中梁在指定截面上的剪力与弯矩。

解 （1）利用平衡方程求支座反力。

由 $\sum M_A(F) = 0$ $F_B \times 4 - q \times 6 \times 3 = 0$

求得 $F_B = \dfrac{4 \times 6 \times 3}{4} = 18(\text{kN})$

由 $\sum F_y = 0$ $F_A + F_B - q \times 6 = 0$

求得 $F_A = 6 \times 4 - 18 = 6(\text{kN})$

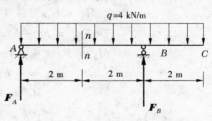

图 4-3

（2）根据直接法求 n—n 截面上剪力和弯矩。由图上情况，取 n—n 截面左侧计算。

$$F_{Qn} = F_A - 2q = 6 - 2 \times 4 = -2(\text{kN})$$
$$M_n = F_A \times 2 - q \times 2 \times 1$$
$$= 6 \times 2 - 4 \times 2 \times 1 = 4(\text{kN} \cdot \text{m})$$

【例 4-4】 试用直接法求图 4-4 所示悬臂梁指定截面上的剪力与弯矩。

解 （1）由图知为悬臂梁，则支座反力可不求解。

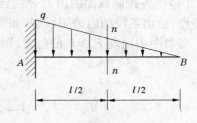

图 4-4

（2）根据直接法求 n—n 截面上剪力和弯矩，由于没有计算支座反力，则取截面右侧分析，则有

$$F_{Qn} = \frac{1}{2} \times \frac{q}{2} \times \frac{l}{2} = \frac{1}{8}ql$$

$$M_n = -\frac{1}{2} \times \frac{q}{2} \times \frac{l}{2} \times \frac{l}{6} = -\frac{1}{48}ql^2$$

【例 4-5】 用简易法作图 4-5（a）所示简支梁的内力图。

解 （1）根据静力平衡方程求支座反力。

由 $\sum M_A(F) = 0$ $F_B \times 6 + 25 \times 4 - 4 - 5 \times 6 \times 3 = 0$

求得 $F_B = \dfrac{5 \times 6 \times 3 + 4 - 25 \times 4}{6} = -1(\text{kN})$

由 $\sum F_y = 0$ $F_A + F_B + 25 - 5 \times 6 = 0$

求得 $F_A = 5 \times 6 - 25 + 1 = 6(\text{kN})$

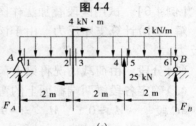

（2）确定控制截面。由外力情况确定为 A、B 支座处，集中力、集中力偶的左右两侧，由左向右依次按 $1 \sim 6$ 编号来排列控制截面。

（3）由直接法计算各控制截面的内力数值。

$$F_{Q1} = F_A = 6\ \text{kN}   M_1 = 0$$
$$F_{Q2} = F_A - 5 \times 2 = 6 - 10 = -4(\text{kN})$$

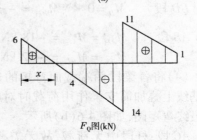

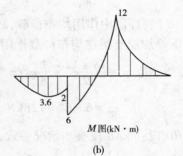

图 4-5

$$M_2 = F_A \times 2 - 5 \times 2 \times 1 = 6 \times 2 - 10 = 2(\text{kN} \cdot \text{m})$$
$$F_{Q3} = -4\ \text{kN}$$
$$M_3 = 6 \times 2 + 4 - 5 \times 2 \times 1 = 6(\text{kN} \cdot \text{m})$$
$$F_{Q4} = F_A - 5 \times 4 = 6 - 20 = -14(\text{kN})$$
$$M_4 = F_A \times 4 + 4 - 5 \times 4 \times 2 = -12(\text{kN} \cdot \text{m})$$
$$F_{Q5} = -F_B + 5 \times 2 = 11(\text{kN})$$
$$M_5 = M_4 = -12\ \text{kN} \cdot \text{m}$$
$$F_{Q6} = -F_B = 1\ \text{kN}$$
$$M_6 = 0$$

（4）把各控制截面的内力分别点绘在剪力图和弯矩图上，再利用相邻控制截面间荷载特点，绘出各段的内力图线型，如图 4-5（b）所示。

剪力图中出现 $F_Q = 0$ 的位置，则说明对应截面上弯矩有极值。由比例关系求出

$$\frac{6}{14} = \frac{x}{4 - x} \qquad x = 1.2\ \text{m}$$

$$M_{\text{极}} = F_A \times 1.2 - 5 \times 1.2 \times \frac{1.2}{2} = 3.6(\text{kN} \cdot \text{m})$$

【例 4-6】 试用区段叠加法作图 4-6（a）所示外伸梁的弯矩图。

解 （1）计算支座反力。由于该梁为外伸梁，故在利用区段叠加法时，可不必计算支座反力。

（2）分段。由荷载情况将梁上荷载分为 AC、AB、BD 三段。

（3）确定各段梁两端截面上的弯矩值。

AC 段　　$M_C = 0$　　$M_{A左} = -9 \times 2 = -18(\text{kN} \cdot \text{m})$

BD 段　　$M_D = 0$　　$M_{B右} = -\dfrac{1}{2} \times 6 \times 2^2 = -12(\text{kN} \cdot \text{m})$

AB 段　　$M_{A右} = M_{A左} = -18\ \text{kN} \cdot \text{m}$

　　　　　　$M_{B左} = M_{B右} = -12\ \text{kN} \cdot \text{m}$

（4）将各梁段两端截面弯矩的连线作为基线，在此基线上叠加简支梁作用荷载时对应的弯矩图，即得到最终弯矩图，如图 4-6（b）所示。

AC 段：杆段中无荷载，故无需叠加，该段 M 图为直线。

AB 段：杆段中作用均布荷载，故在 AB 段跨中基线上向下叠加简支梁在均布荷载作用下跨中弯矩。

$$M_{\text{中}} = -\frac{18 + 12}{2} + \frac{1}{8}ql^2 = -\frac{18 + 12}{2} +$$
$$\frac{1}{8} \times 6 \times 6^2 = 12(\text{kN} \cdot \text{m})$$

BD 段：同 AB 段叠加情况一致，有

$$M_{\text{中}} = -\frac{12}{2} + \frac{1}{8} \times 6 \times 2^2 = -3(\text{kN} \cdot \text{m})$$

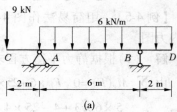

（a）

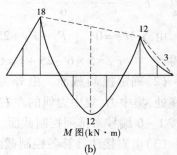

M 图（kN·m）

（b）

图 4-6

训练题

一、选择题

4-1 发生弯曲变形构件的受力特点是( )。

    A. 外力与杆轴线重合　　　B. 外力与杆轴线垂直

    C. 在与轴线垂直的平面内受到力偶作用

4-2 杆件内力计算的基本方法是( )。

    A. 直接法　　　　B. 平衡条件　　　　C. 截面法

二、填空题

4-3 构件受力后的四种基本变形分别是_____、_____、_____和

_____。

4-4 凡以_____为主要变形的构件,称为梁。

4-5 单跨静定梁按其支座情况可分为_____、_____和_____。

4-6 梁内力图绘制的方法有_____、_____和_____。

三、计算与作图题

4-7 求图 4-7 所示杆各段横截面上的轴力,并作杆的轴力图。

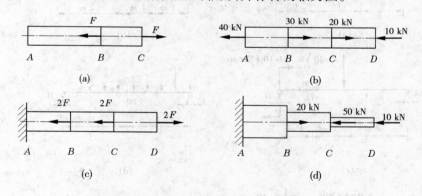

图 4-7

4-8 作图 4-8 所示各杆的扭矩图。

4-9 如图 4-9 所示的某传动轴的转速为 $n = 500$ r/min,主动轮 1 输入功率 $N_1 = 500$ kW,从动轮 2、3 输出功率分别为 $N_2 = 200$ kW,$N_3 = 300$ kW。试绘该轴的扭矩图。

4-10 求图 4-10 所示各梁中 m—m 截面上的剪力和弯矩。

4-11 用简易法求作图 4-11 所示各梁的剪力图和弯矩图。

4-12 用叠加法求作图 4-12 所示各梁的弯矩图。

4-13 试用区段叠加法绘制图 4-13 所示各梁的弯矩图。

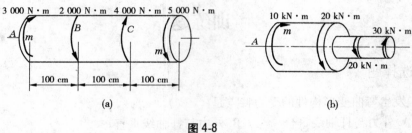

(a)

(b)

图 4-8

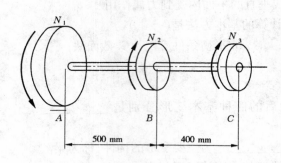

图 4-9

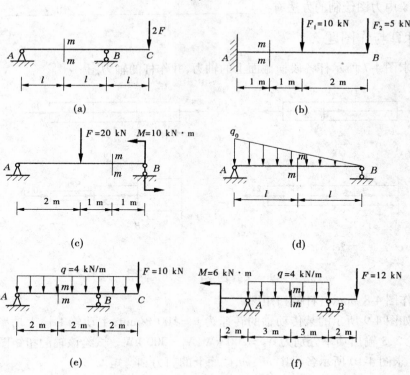

图 4-10

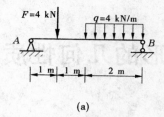

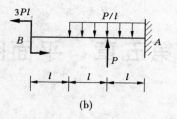

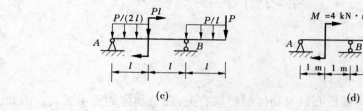

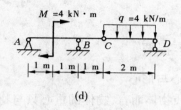

图 4-11

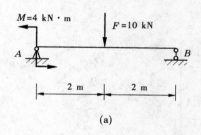

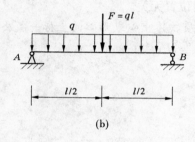

图 4-12

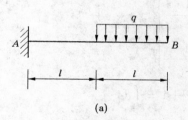

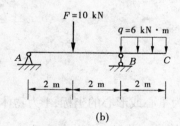

图 4-13

第五章 平面图形的几何性质

学习指导

一、内容提要

(一)重心与形心

对于均质物体而言,物体的重心只与物体的形状有关,而与物体的重量无关。因此,均质物体的重心也称物体的形心。形心是物体的几何中心,它只取决于物体的形状和尺寸,与空间位置无关。

1. 均质物体重心或形心的坐标一般公式

$$\left. \begin{aligned} z_c &= \frac{\int_A z\mathrm{d}A}{A} \\ y_c &= \frac{\int_A y\mathrm{d}A}{A} \end{aligned} \right\} \tag{5-1}$$

又可写为

$$\left. \begin{aligned} z_c &= \frac{\sum \Delta A \cdot z}{A} \\ y_c &= \frac{\sum \Delta A \cdot y}{A} \end{aligned} \right\} \tag{5-2}$$

式中:z_c、y_c 为重心或形心的坐标;A 为物体的面积 $A = \int_A \mathrm{d}A$。

2. 物体的重心或形心的计算方法

1)积分法

这种方法直接应用公式(5-1)求解。对于几种简单图形的重心或形心坐标,均可用这种方法求得。

2)分割法

分割法是用于求解组合形体重心或形心的一种方法。将组合形体分割成几个简单的形体,这些简单形体的重心或形心通常是已知的(或从工程手册中查到),然后利用公式(5-2)就可求出组合形体的重心或形心。

3)负面积法

若将物体切去一部分,求剩余部分物体的形心或重心,仍可用分割法,但此时切去部分的面积应取负值,这种方法称为负面积法。

4）对称法

对于具有对称轴、对称面或对称中心的物体来说，由重心或形心的计算公式不难看出，该物体的重心或形心相应在其对称轴、对称面或对称中心上。

（二）面积矩

平面图形上所有微面积 $\mathrm{d}A$ 与它到坐标轴（z 轴或 y 轴）的距离的乘积称为该平面图形关于坐标轴的面积矩，记为 $S_z(S_y)$。

$$
\left.
\begin{aligned}
S_z &= \int_A y\mathrm{d}A \\
S_y &= \int_A z\mathrm{d}A
\end{aligned}
\right\} \tag{5-3}
$$

在实际计算面积矩时，由于多数工程构件的截面由简单几何图形组成，因此往往不使用式（5-3）形式的积分式，而是运用分割法将整个截面分成几块进行计算，从而将积分计算转变为代数计算。

1. 简单图形面积矩的计算

$$
\left.
\begin{aligned}
S_z &= Ay_c \\
S_y &= Az_c
\end{aligned}
\right\} \tag{5-4}
$$

平面图形对 z 轴（或 y 轴）的面积矩等于图形面积 A 与形心坐标 y_c（或 z_c）的乘积。当坐标轴通过图形的形心时，其面积矩为零；反之，若图形对某轴的面积矩为零，则该轴必通过图形的形心。

2. 组合图形面积矩的计算

$$
\left.
\begin{aligned}
S_z &= \sum_{i=1}^{n} A_i y_{ci} \\
S_y &= \sum_{i=1}^{n} A_i z_{ci}
\end{aligned}
\right\} \tag{5-5}
$$

式中：A_i 为各简单图形的面积；y_{ci}、z_{ci} 为各简单图形形心的 y 轴坐标和 z 轴坐标。

组合图形对某轴的面积矩等于各简单图形对同一轴面积矩的代数和。

（三）极惯性矩、惯性矩、惯性积

1. 极惯性矩

平面图形上所有微面积 $\mathrm{d}A$ 与它到坐标原点的距离平方的乘积称为该平面图形关于坐标原点的极惯性矩，记为 I_ρ，单位是 [长度]^4。

$$
I_\rho = \int_A \rho^2 \mathrm{d}A \tag{5-6}
$$

式中：ρ 为 $\mathrm{d}A$ 的形心到坐标原点的距离。

2. 惯性矩

平面图形上所有微面积 $\mathrm{d}A$ 与它到坐标轴的距离平方的乘积称为该平面图形关于坐标轴的惯性矩，记为 $I_z(I_y)$，单位是 [长度]^4。

$$
\left.
\begin{aligned}
I_z &= \int_A y^2 \mathrm{d}A \\
I_y &= \int_A z^2 \mathrm{d}A
\end{aligned}
\right\} \tag{5-7}
$$

3.惯性积

平面图形上所有微面积 dA 与它的两个坐标 z、y 的乘积称为该平面图形对 z、y 两轴的惯性积,记为 I_{zy}。

$$I_{zy} = \int_A zy dA \tag{5-8}$$

4.简单图形极惯性矩、惯性矩的计算

简单图形直接利用式(5-6)、式(5-7)计算极惯性矩与惯性矩,也可以利用惯性矩与极惯性矩的关系,由惯性矩求极惯性矩。

5.组合图形的惯性矩计算

1)平行移轴公式

平面图形对任意一轴的惯性矩,等于图形对与该轴平行的形心轴(过形心的坐标轴)的惯性矩,再加上该图形面积与两轴间距离平方的乘积,即

$$I_{z_1} = I_z + a^2 A \tag{5-9}$$

式中:I_{z_1} 为图形对任一轴的惯性矩;I_z 为与该轴平行的形心轴的惯性矩;a 为两坐标轴间的距离。

2)结论

组合图形由若干个简单图形组成,由惯性矩的定义可知,组合图形对某轴的惯性矩等于组成组合图形的各简单图形对同一轴的惯性矩的和。简单图形对本身形心轴的惯性矩可通过积分或查表求得,再应用平行移轴公式,可计算出其对任意轴的惯性矩,从而求出组合图形的惯性矩。

二、精选例题

【例5-1】 图5-1所示为对称 T 形截面,求该截面的形心位置。

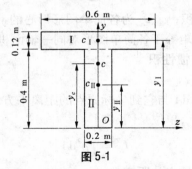

图5-1

解 建立直角坐标系 zOy,其中 y 为截面的对称轴。因图形相对于 y 轴对称,其形心一定在对称轴上,因此 $z_c = 0$,只需计算 y_c 值。将截面分成 Ⅰ、Ⅱ 两个矩形,则可得

$$A_{\text{I}} = 0.072 \text{ m}^2 \quad A_{\text{II}} = 0.08 \text{ m}^2 \quad y_{\text{I}} = 0.46 \text{ m} \quad y_{\text{II}} = 0.2 \text{ m}$$

故 $$y_c = \frac{\sum_{i=1}^n A_i y_{ci}}{\sum_{i=1}^n A_i} = \frac{A_{\text{I}} y_{\text{I}} + A_{\text{II}} y_{\text{II}}}{A_{\text{I}} + A_{\text{II}}} = \frac{0.072 \times 0.46 + 0.08 \times 0.2}{0.072 + 0.08} = 0.323(\text{m})$$

【例 5-2】 计算图 5-2 所示 T 形截面对 z 轴和 y 轴的面积矩。

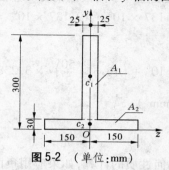

图 5-2 （单位:mm）

解 建立直角坐标系如图所示,将 T 形截面分为两个矩形,其面积分别为

$$A_1 = 50 \times 270 = 13.5 \times 10^3 (\text{mm}^2)$$

$$A_2 = 300 \times 30 = 9 \times 10^3 (\text{mm}^2)$$

矩形截面形心的 y 轴坐标分别为

$$y_1 = 30 + \frac{300 - 30}{2} = 165 (\text{mm})$$

$$y_2 = \frac{30}{2} = 15 (\text{mm})$$

由公式(5-5)可求得 T 形截面对 z 轴的面积矩为

$$S_z = \sum_{i=1}^{n} A_i y_{ci} = A_1 y_{c1} + A_2 y_{c2}$$

$$= 13.5 \times 10^3 \times 165 + 9 \times 10^3 \times 15$$

$$= 2.36 \times 10^6 (\text{mm}^3)$$

由于 y 轴是截面的对称轴,通过截面形心,所以 T 形截面对 y 轴的面积矩为

$$S_y = 0$$

【例 5-3】 试计算图 5-3 所示由两根 20 槽钢组成的截面对形心轴 z、y 的惯性矩。

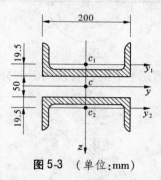

图 5-3 （单位:mm）

解 组合截面有两根对称轴,形心 c 就在这两对称轴的交点。由《工程力学》附录型钢表查得每根槽钢的形心 c_1 或 c_2 到腹板边缘的距离为 19.5 mm,每根槽钢截面面积为 $A_1 = A_2 = 3.238 \times 10^3 \text{ mm}^2$,每根槽钢对本身形心轴的惯性矩为 $I_{1z} = I_{2z} = 19.137 \times 10^6 \text{ mm}^4$, $I_{1y} = I_{2y} = 1.436 \times 10^6 \text{ mm}^4$。

整个截面对形心轴的惯性矩应等于两根槽钢对形心轴的惯性矩之和，故得

$$I_z = I_{1z} + I_{2z} = 19.137 \times 10^6 + 19.137 \times 10^6 = 38.3 \times 10^6 (\text{mm}^4)$$

$$I_y = 2(I_{1y} + a^2 A_1)$$

$$= 2 \times \left[1.436 \times 10^6 + \left(19.5 + \frac{50}{2} \right)^2 \times 3.238 \times 10^3 \right]$$

$$= 15.70 \times 10^6 (\text{mm}^4)$$

三、学习注意事项

（1）对于组合图形相关几何性质的计算，如果应用负面积法，则一定要注意哪部分面积应取为负值，计算过程中应代入负号计算。

（2）对于平面图形惯性矩的计算，如果应用查表的数据，则要注意表中的惯性矩为图形对自身形心轴的惯性矩，计算过程中一般应用平行移轴公式重新计算其对其他坐标轴的惯性矩。

（3）面积矩可为正值也可为负值，而惯性矩恒为正值。

（4）计算过程中应注意单位及单位间的换算。

训练题

5-1　振动器中的偏心块为一等厚的均质体，如图 5-4 所示，求偏心块重心的位置。已知：$R = 10$ cm，$r = 1.3$ cm，$b = 1.7$ cm。

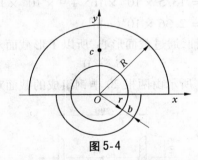

图 5-4

5-2　求图 5-5 所示截面图形形心 c 的位置及阴影部分对 z 轴的面积矩。

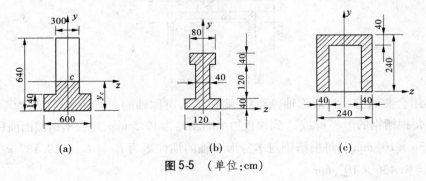

(a)　　　　　　　(b)　　　　　　　(c)

图 5-5　（单位:cm）

5-3 试求图 5-6 所示 T 形截面的形心坐标和关于形心轴 z、y 的截面惯性矩 I_z、I_y。

5-4 计算图 5-7 所示阴影部分面积对其形心轴 z 轴的惯性矩。

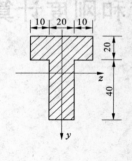

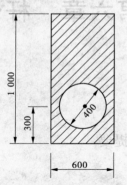

图 5-6 （单位:mm）　　　　图 5-7 （单位:mm）

第六章　杆件的强度和刚度计算

学习指导

一、内容提要

（一）应力

应力是指截面上一点的内力，也称为单位面积上的内力。

1. 正应力

垂直于截面的应力称为正应力，用符号 σ 表示。

2. 剪应力

平行于截面的应力称为剪应力，用符号 τ 表示。

3. 应力的单位

正应力与剪应力的单位相同，常用的单位是"帕斯卡（Pa）"和"兆帕（MPa）"，1 Pa = 1 N/m²，1 MPa = 1 N/mm²。

4. 应力正负号的规定

正应力规定"拉力为正，压力为负"，剪应力规定"使研究对象产生顺时针转动趋势记为正，反之为负"。

（二）失效分析与强度条件

1. 结构或构件的失效

当结构或构件超过某种极限状态时即认为失效。

2. 材料的许用应力 $[\sigma]$

材料的许用应力 $[\sigma]$ 是保证构件不至于因强度不足而失效所确定的一个允许值，即

$$[\sigma] = \frac{\sigma_0}{n}$$

式中：n 为大于 1 的系数，根据设计要求取不同的值；σ_0 为极限应力，对于塑性材料，取 $\sigma_0 = \sigma_s$，对于脆性材料，取 $\sigma_0 = \sigma_b$。

3. 强度条件

为了保证构件正常使用，要求危险工作应力不能超过材料的许用应力，从而有了正应力强度条件 $\sigma_{max} \leqslant [\sigma]$，剪应力强度条件 $\tau_{max} \leqslant [\tau]$。

（三）轴向拉（压）杆的强度计算

1. 轴向拉（压）杆横截面上的应力

轴向拉（压）时，横截面上的应力为正应力，沿整个截面均匀分布。

2. 轴向拉(压)时的强度问题

1) 强度校核

已知荷载、截面面积和材料的许用应力,根据强度条件验算构件的强度是否满足要求。

2) 设计截面尺寸

已知荷载和材料的许用应力,根据强度条件确定构件的横截面面积或截面的尺寸。

3) 确定容许荷载

已知截面面积和材料的许用应力,根据强度条件确定构件所能承受的最大荷载。

(四)材料在拉伸和压缩时的力学性能

1. 强度及强度指标

材料抵抗断裂破坏的能力称为强度。对于塑性材料而言,极限应力值取 σ_s;对于脆性材料而言,极限应力值取 σ_b。

2. 刚度及刚度指标

材料抵抗变形的能力称为刚度。反映材料刚度特征的指标是材料的弹性模量 E、切变模量 G 和泊松比 μ。

3. 塑性材料和脆性材料

伸长率 $\delta \geqslant 5\%$ 的材料称为塑性材料,伸长率 $\delta < 5\%$ 的材料称为脆性材料。

4. 材料在拉伸和压缩时的力学性质

(1) 虎克定律的适用范围是在比例极限范围内,也可在弹性范围内近似使用。

(2) 塑性材料具有明显的变形,具有塑性流动的特点。脆性材料没有明显的变形,在变形很小的情况下就破坏了。

(3) 塑性材料的抗拉强度、抗压强度基本相同,所以既可作为受拉构件也可作为受压构件。

(4) 脆性材料的抗压强度远大于抗拉强度,所以脆性材料更适宜作为受压构件。

(5) 冷作硬化工艺可以提高塑性材料的强度指标,但同时会降低材料的塑性。

(五)连接件的强度计算

1. 剪切面

剪力不为零的截面。

2. 挤压面

发生挤压效应的接触面。

3. 计算挤压面积

实际挤压面在挤压方向上的投影面积。

4. 连接件强度计算

连接件强度计算分为以下三个方面的内容:

(1) 抗剪强度计算。要求最大剪应力不超过许用剪应力。

(2) 抗挤压强度计算。要求最大挤压应力不超过许用挤压应力。

(3) 轴向抗拉(压)强度计算。要求最大正应力不超过许用正应力。

(六)圆筒扭转时的强度和刚度计算

1. 外力偶矩的计算

$$M_x = 9.55 \frac{N_k}{n} \quad (\text{kN} \cdot \text{m}) \tag{6-1}$$

若已知功率的单位为马力数,则

$$M_x = 7.03 \frac{N_p}{n} \quad (\text{kN} \cdot \text{m}) \tag{6-2}$$

式中：n 为转速,r/min。

由上述两公式可以看出,作用在轴上的外力偶矩与轴传递的功率成正比,与轴的转速成反比。因此,在传递相同功率的条件下,低速轴比高速轴传递的力偶矩大。

2. 强度计算步骤

(1)根据式(6-1)、式(6-2)计算外力偶矩。

(2)利用截面法求内力——扭矩,画出扭矩图。根据扭矩图和抗扭截面模量综合判断危险截面的位置。对于等截面直杆,危险截面即 $\mid M_x \mid_{\max}$ 所在截面,可由扭矩图直接确定。

(3)计算危险截面上的最大剪应力,利用强度条件,可进行强度校核、截面设计以及荷载的设计。对于有几个危险截面的情况,则先要算出各危险截面上的最大剪应力,再进行强度计算。

3. 扭转角

圆轴扭转变形时横截面间的相对角位移称为扭转角。

$$\mathrm{d}\varphi = \frac{M_x}{GI_\rho}\mathrm{d}x \tag{6-3}$$

式中：$\mathrm{d}\varphi$ 为相距为 $\mathrm{d}x$ 的两个横截面间的相对扭转角；G 为剪切弹性模量；I_ρ 为极惯性矩。

对于长为 l 的轴,两端面的相对扭转角为

$$\varphi = \int \mathrm{d}\varphi = \int_l \frac{M_x}{GI_\rho}\mathrm{d}x \tag{6-4}$$

对于只在两端受扭的等直圆截面杆,有

$$\varphi = \int_l \frac{M_x}{GI_\rho}\mathrm{d}x = \frac{M_x l}{GI_\rho} \tag{6-5}$$

4. 刚度计算

受扭圆轴在单位长度内的最大扭转角不超过一定限度。

(七)梁的平面弯曲

1. 平面弯曲的概念

外力作用在梁的纵向对称面内时所发生的弯曲变形称为平面弯曲。其变形的特征是梁的轴线由直线变为曲线。

2. 弯曲平面

平面弯曲时,曲轴线所在的平面称为弯曲平面。

3．中性层和中性轴

梁发生平面弯曲时，梁纵向存在既不伸长也不缩短的一层材料，该层材料称为中性层。中性层与横截面的交线称为中性轴，中性轴通过截面形心且垂直于外力作用线。中性轴将梁横截面上的正应力分为拉、压两个应力区，其本身是一条零应力线。

4．梁横截面上的应力及分布规律

1）梁横截面上的正应力

梁弯曲变形时，截面上存在正应力，它沿截面高度呈线性（也称三角形）分布，上、下边缘处最大，中性轴处为零。

2）梁横截面上的剪应力

梁弯曲变形时，在剪力不为零的截面上存在剪应力，它沿截面高度呈抛物线分布，上、下边缘处为零，中性轴处最大。

5．提高弯曲强度的措施

（1）降低梁的 M_{max}，措施有合理安置梁的支座和合理布置荷载。

（2）采用合理截面，措施有合理利用截面、合理选择截面，使截面形状与材料力学性质协调。

（3）采用变截面梁。

（八）梁的刚度计算

1．梁的变形分析

我们考察梁的一个截面，一般来说要产生两种位移：一个是线位移，即截面形心的位移；另一个是角位移，即截面绕中性轴转过的角度。

2．挠度

工程上称与原梁轴线垂直的线位移为挠度。

3．转角

横截面相对于其原始位置转过的角度称为转角。

4．用叠加法求梁的挠度和转角

当梁上同时作用几个荷载时，某截面的位移就等于各个荷载分别单独作用时，在该截面产生的相应位移的代数和。这种计算梁的变形的方法称为叠加法，可用于求指定截面的挠度和转角。各种梁在简单荷载作用下的变形在采用叠加法计算时，可直接查用。

5．提高弯曲刚度的措施

（1）增大梁的抗弯刚度 EI。

（2）减小梁的跨度。

（3）改善荷载作用情况。

（九）组合变形杆件的强度计算

1．组合变形

两种及两种以上的基本变形同时发生时，称为组合变形，也称为复杂变形。

2．斜弯曲变形

斜弯曲变形是同时发生两个平面弯曲的组合变形。

3.偏心压缩变形

偏心压缩变形是平面弯曲和轴向压缩的组合变形。

4.截面核心

在工程中,使截面上只产生压应力的偏心力作用范围称为截面核心。

5.组合变形的计算方法

分析、计算组合变形的基本方法称为叠加法,一般可按以下几个步骤进行:

(1)外力分解。将作用在杆件上的任意力系按基本变形的外力作用方式进行等效简化。通常将力等效分解或等效平移,使简化后的外力分量沿杆件轴线作用或垂直杆件轴线作用,由此判定所产生的基本变形形式。

(2)内力分析。根据外力的作用情况,进行内力分析。对于各种基本变形形式,分别作出杆件的内力图。在综合了各个基本变形下的内力图后,再确定危险截面的可能位置,并求出危险截面上的内力。

(3)危险点的判定。根据危险截面上的内力值,进一步分析危险截面上的应力分布规律,确定危险点的位置。计算各基本变形下的应力,并将危险点处的各基本变形下的同类应力进行叠加。

(4)应力计算及强度计算。根据强度条件进行强度计算。

二、基本公式

(一)轴向拉压时的应力计算及强度条件

$$\sigma = \frac{F_N}{A} \tag{6-6}$$

$$\sigma_{max} = \frac{F_{Nmax}}{A} \leqslant [\sigma] \tag{6-7}$$

(二)梁弯曲时的最大正应力计算及强度条件

$$\sigma = \frac{My}{I_z} \tag{6-8}$$

$$\sigma_{max} = \frac{M_{max}}{W_z} \leqslant [\sigma] \tag{6-9}$$

(三)梁弯曲时的剪应力计算及强度条件

$$\tau = \frac{F_Q S_z}{b I_z} \tag{6-10}$$

$$\tau_{max} = \frac{F_{Qmax} S_{zmax}}{b I_z} \leqslant [\tau] \tag{6-11}$$

(四)剪切时的应力计算

$$\tau = \frac{F_Q}{A} \tag{6-12}$$

(五)挤压时的应力计算

$$\sigma_C = \frac{F_C}{A_C} \tag{6-13}$$

（六）圆轴扭转时的强度条件

$$\tau_{\max} = \left(\frac{M_x}{W_T}\right)_{\max} \leqslant [\tau] \tag{6-14}$$

对等截面圆轴

$$\tau_{\max} = \frac{M_{\max}}{W_T} \leqslant [\tau] \tag{6-15}$$

（七）圆轴扭转的刚度条件

$$\theta_{\max} = \left(\frac{M_x}{GI_\rho}\right)_{\max} \leqslant [\theta] \tag{6-16}$$

对等截面圆轴

$$\theta_{\max} = \frac{M_{\max}}{GI_\rho} \leqslant [\theta] \tag{6-17}$$

（八）梁的刚度条件

$$\frac{f}{l} \leqslant \left[\frac{f}{l}\right] \tag{6-18}$$

（九）斜弯曲下的最大正应力计算

$$\sigma = \pm\left(\frac{M_z}{W_z} + \frac{M_y}{W_y}\right) \tag{6-19}$$

（十）偏心压缩下的应力计算

$$\sigma = -\frac{F_N}{A} \pm \frac{M_z}{W_z} \tag{6-20}$$

三、精选例题

【例 6-1】 三角托架如图 6-1 所示。已知杆 AB 的面积 $A_{AB} = 10\,000\ \text{mm}^2$，许用应力 $[\sigma] = 7\ \text{MPa}$，杆 BC 的面积 $A_{BC} = 600\ \text{mm}^2$，许用应力 $[\sigma] = 160\ \text{MPa}$，荷载 $P = 10\ \text{kN}$。试求：

（1）校核各杆的强度；

（2）容许荷载 $[P]$。

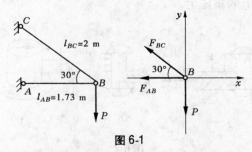

图 6-1

解 （1）校核各杆的强度。取 B 结点为研究对象计算内力。

由 $\qquad\qquad \sum F_y = 0 \quad F_{BC}\sin 30° - P = 0$

得
$$F_{BC} = \frac{P}{\sin 30°} = \frac{10}{\frac{1}{2}} = 20(\text{kN})$$

由
$$\sum F_x = 0 \qquad F_{BC}\cos 30° + F_{AB} = 0$$

得
$$F_{AB} = -F_{BC}\cos 30° = -20 \times \frac{\sqrt{3}}{2} = -17.32(\text{kN})$$

各杆的正应力分别为

$$\sigma_{AB} = \frac{F_{AB}}{A_{AB}} = \frac{-17.32 \times 10^3}{10\ 000} = -1.732(\text{MPa})(压应力)$$

$$\sigma_{BC} = \frac{F_{BC}}{A_{BC}} = \frac{20 \times 10^3}{600} = 33.33(\text{MPa})(拉应力)$$

$$|\sigma_{AB}| = 1.732\ \text{MPa} \leqslant [\sigma] = 7\ \text{MPa}$$

$$\sigma_{BC} = 33.33\ \text{MPa} \leqslant [\sigma] = 160\ \text{MPa}$$

各杆均满足强度要求。

（2）求容许荷载$[P]$。

由以上平衡条件得

$$F_{BC} = 2P \qquad F_{AB} = -\sqrt{3}P$$

由杆BC的强度条件可得杆BC的容许正应力。

$$[F_{BC}] = 2[P] \leqslant [\sigma] \times A_{BC}$$

$$[P] \leqslant \frac{[\sigma] \times A_{BC}}{2} = \frac{160 \times 600}{2} = 48\ 000(\text{N}) = 48\ \text{kN}$$

由杆AB的强度条件可得杆AB的容许正应力。

$$[F_{AB}] = \sqrt{3}[P] \leqslant [\sigma] \times A_{AB}$$

$$[P] \leqslant \frac{[\sigma] \times A_{AB}}{\sqrt{3}} = \frac{\sqrt{3}}{3} \times 7 \times 10\ 000 = 40\ 415(\text{N}) = 40.4\ \text{kN}$$

三角托架的容许荷载应取两个容许荷载中的较小值，所以$[P] = 40.4\ \text{kN}$。

【例6-2】 设图6-2（a）所示连接件中的铆钉个数为n，试绘铆钉的受力图并计算剪切面上的剪力和挤压面上的挤压力。

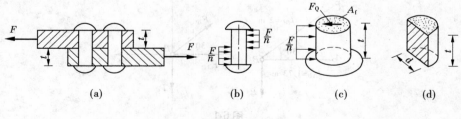

（a）　　　　　　　　　（b）　　　　　　（c）　　　　　（d）

图6-2

解 （1）绘铆钉的受力图，如图6-2（b）所示。

（2）计算剪力。每一个铆钉有一个剪切面（见图6-2（c）），从而可得

$$F_Q = \frac{F}{n}$$

（3）计算挤压力。有 n 个铆钉，故钢板与铆钉亦有 n 个接触挤压面，从而

$$P_C = \frac{F}{n}$$

剪切计算的关键是确定剪切面并计算出剪力的值。挤压计算的关键是确定挤压面，并计算出挤压力和挤压面积。在铆钉计算中可用直径平面代替实际的挤压面积，如图 6-2（d）所示。

【例 6-3】 钢制传动轴如图 6-3 所示，转速 $n = 300$ r/min，主动轮输入功率 $N_1 = 368$ kW，不计轴承摩擦损失，三个从动轮输出功率 $N_2 = N_3 = 110.5$ kW，$N_4 = 147$ kW，材料的许用剪应力 $[\tau] = 40$ MPa，单位长度的许用扭转角 $[\theta] = 0.3°/m$，剪切弹性模量 $G = 80$ GPa。试选择轴的直径 d。

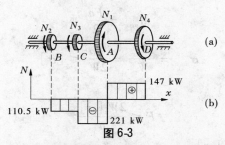

图 6-3

解 （1）作扭矩图如图所示，绝对值最大的扭矩在 CA 段内，其值为

$$M_{x\max} = 9.55 \frac{N}{n} = 9.55 \times \frac{221}{300} = 7.04(\text{kN} \cdot \text{m})$$

（2）按强度条件设计轴的直径为

$$d_1 \geqslant \sqrt[3]{\frac{16}{\pi} \times \frac{M_{x\max}}{[\tau]}} = \sqrt[3]{\frac{16}{3.14} \times \frac{7.04 \times 10^6}{40}} = 96(\text{mm})$$

（3）按刚度条件设计直径为

$$d_2 \geqslant \sqrt[4]{\frac{32 M_{\max} \times 180}{G \pi^2 [\theta]}} = \sqrt[4]{\frac{32 \times 7.04 \times 10^6 \times 180}{80 \times 10^3 \times 3.14^2 \times 0.3 \times 10^{-3}}} = 114.4(\text{mm})$$

比较 d_1 与 d_2 可知，应取轴的直径 $d = 115$ mm。

【例 6-4】 简支梁 AB 受力如图 6-4（a）、（b）所示，已知梁长为 $4a$，抗弯截面模量为

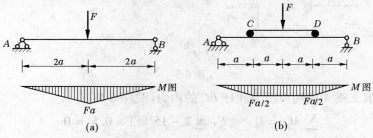

图 6-4

W_z，许用应力为 $[\sigma]$。试求图(a)、(b)两种受力情况下的许用荷载 $[F]$。

解 （1）求图(a)形式下的最大许用荷载 $[F]$。

截面最大弯矩为
$$M_{\max} = \frac{F \times 4a}{4} = Fa$$

由强度条件
$$\sigma_{\max} = \frac{M_{\max}}{W_z} = \frac{Fa}{W_z} \leqslant [\sigma]$$

得
$$F \leqslant \frac{W_z[\sigma]}{a}$$

则取许用荷载 $[F_1] = \dfrac{W_z[\sigma]}{a}$。

（2）求图(b)形式下的最大许用荷载。

截面最大弯矩为
$$M_{\max} = \frac{Fa}{2}$$

由强度条件
$$\sigma_{\max} = \frac{M_{\max}}{W_z} = \frac{Fa}{2W_z} \leqslant [\sigma]$$

得
$$F \leqslant \frac{2W_z[\sigma]}{a}$$

则取许用荷载 $[F_2] = \dfrac{2W_z[\sigma]}{a}$。

比较以上结果，显然图 6-4(b)状态的承载能力是图 6-4(a)状态承载能力的 2 倍。

【例 6-5】 图 6-5(a)所示结构，梁 AD 为工字钢，杆 BC 为圆形截面，直径 $d = 20$ mm，梁和杆的许用应力 $[\sigma] = 160$ MPa，$q = 15$ kN/m。试选择工字钢的型号并校核杆 BC 的强度。

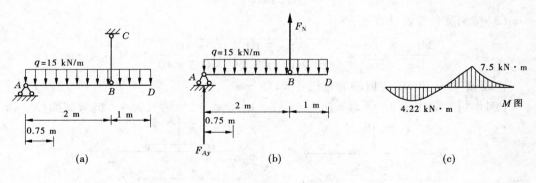

图 6-5

解 （1）求支座 A 的约束反力和杆 BC 的内力（见图 6-5(b)）。

由
$$\sum M_B = 0 \qquad F_{Ay} \times 2 - 15 \times 3 \times 0.5 = 0$$

得
$$F_{Ay} = 11.25 \text{ kN}$$

由 $$\sum F_y = 0 \qquad F_N + F_{Ay} - 15 \times 3 = 0$$

得 $$F_N = 33.75 \text{ kN}$$

(2)求最大弯矩值。由弯矩图(见图 6-5(c))可知

$$M_{max} = F_{Ay} \times 0.75 - q \times 0.75 \times \frac{0.75}{2} = 4.22 \text{ kN} \cdot \text{m}$$

$$|M_{min}| = 7.5 \text{ kN} \cdot \text{m}$$

$$|M_B| = 7.5 \text{ kN} \cdot \text{m}$$

(3)由强度条件求抗弯截面模量 W_z,得

$$W_z \geqslant \frac{7.5}{160} = \frac{7.5 \times 10^6}{160} = 46\ 875 (\text{mm}^3) = 46.875 \text{ cm}^3$$

查型钢表,应取 No10 工字钢。

(4)校核杆 BC 的强度。

杆 BC 的内力为

$$F_N = 33.75 \text{ kN}$$

杆的截面面积为

$$A = \frac{\pi d^2}{4} = \frac{3.14}{4} \times 20^2 = 314 (\text{mm}^2)$$

由强度条件可得

$$\sigma = \frac{33.75 \times 10^3}{314} = 107.5 (\text{MPa}) < [\sigma] = 160 \text{ MPa}$$

故杆 BC 满足强度条件。

【例6-6】 一简支梁受均布荷载作用,如图 6-6(a)所示,截面为矩形,梁宽 $b = 100$ mm,梁高 $h = 200$ mm。已知 $q = 4$ kN/m,跨度 $l = 10$ m。试求:

(1)截面 $A_{右}$ 上距中性轴为 $y_1 = 50$ mm 处 K 点的剪应力;

(2)比较梁的最大正应力和最大剪应力;

(3)若用 No32a 工字钢(见图 6-6(e)),计算其最大剪应力;

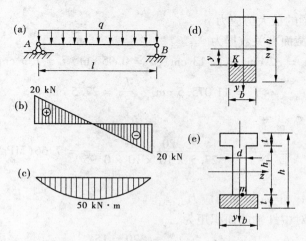

图 6-6

（4）计算工字形梁截面 $A_{右}$ 下腹板与翼缘交界处 m 点（在腹板上）的剪应力。

解 （1）求 $A_{右}$ 截面上 K 点的剪应力。

作梁的剪力图与弯矩图（见图 6-6（b）、（c）），$A_{右}$ 截面上的剪力为

$$F_Q = 20 \text{ kN}$$

计算截面的 I_z 与 S_z

$$I_z = \frac{bh^3}{12} = \frac{100 \times 200^3}{12} = 66.7 \times 10^6 (\text{mm}^4)$$

$$S_z = 100 \times 50 \times 75 = 375 \times 10^3 (\text{mm}^3)$$

则 K 点的剪应力为

$$\tau_K = \frac{F_Q S_z}{I_z b} = \frac{20 \times 10^3 \times 375 \times 10^3}{66.7 \times 10^6 \times 100} = 1.12 (\text{MPa})$$

（2）比较梁中的 σ_{max} 和 τ_{max}。

梁的最大剪力和最大弯矩为

$$F_{Qmax} = 20 \text{ kN} \quad （在支座截面处）$$

$$M_{max} = 50 \text{ kN} \cdot \text{m} \quad （在跨中截面处）$$

最大正应力发生在跨中截面的上、下边缘处，其值为

$$\sigma_{max} = \frac{M_{max}}{W_z} = \frac{50 \times 10^6}{\frac{1}{6} \times 100 \times 200^2} = 75 (\text{MPa})$$

最大剪应力发生在支座截面的中性轴上，其值为

$$\tau_{max} = \frac{3}{2} \times \frac{F_Q}{A} = \frac{3}{2} \times \frac{20 \times 10^3}{200 \times 100} = 1.5 (\text{MPa})$$

故

$$\frac{\sigma_{max}}{\tau_{max}} = \frac{75}{1.5} = 50$$

可见，梁中的最大正应力比最大剪应力大得多，故在梁的强度计算中，正应力强度计算是主要的。

（3）计算工字梁的最大剪应力。

由型钢表查得截面有关数据为

$$h = 32 \text{ cm} \quad b = 13 \text{ cm} \quad d = 0.95 \text{ cm} \quad t = 1.5 \text{ cm}$$

$$I_z = 11\,075.5 \text{ cm}^4 \quad \frac{I_z}{S_z} = 27.5 \text{ cm}$$

则最大剪应力为

$$\tau_{max} = \frac{F_{Qmax}}{\frac{I_z}{S_z} \cdot d} = \frac{20 \times 10^3}{27.5 \times 10 \times 10 \times 0.95} = 7.66 (\text{MPa})$$

（4）计算截面 $A_{右}$ 上 m 点的剪应力。

m 点以下部分对中性轴的面积矩为

$$S_z = bt \left(\frac{h}{2} - \frac{t}{2} \right) = 130 \times 15 \times \left(\frac{320}{2} - \frac{15}{2} \right) = 2.97 \times 10^5 (\text{mm}^3)$$

则

$$\tau_m = \frac{F_Q S_z}{I_z d} = \frac{20 \times 10^3 \times 2.97 \times 10^5}{11\ 075.5 \times 10^4 \times 0.95 \times 10} = 5.65(\text{MPa})$$

【例6-7】 试为图6-7(a)所示的施工用钢轨枕木选择矩形截面。已知矩形截面尺寸的比例为$b:h = 3:4$,枕木的弯曲许用正应力$[\sigma] = 15.6$ MPa,许用剪应力$[\tau] = 1.7$ MPa,钢轨传给枕木的压力$F = 49$ kN。

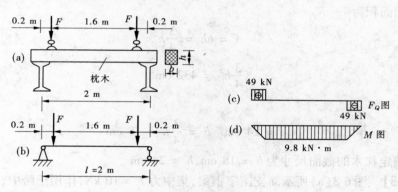

图6-7

解 枕木的计算简图如图6-7(b)所示。

(1)设计截面。

作M图(见图6-7(d)),由M图可知

$$M_{max} = 9.8\ \text{kN} \cdot \text{m}$$

梁所需的最小抗弯截面模量为

$$W_z = \frac{M_{max}}{[\sigma]} = \frac{9.8 \times 10^3}{15.6 \times 10^6} = 628 \times 10^{-6}(\text{m}^3) = 628\ \text{cm}^3$$

对于矩形截面

$$W_z = \frac{bh^2}{6} = \frac{1}{6} \times \frac{3}{4}h \times h^2 = \frac{h^3}{8}$$

$$\frac{h^3}{8} = 628\ \text{cm}^3$$

从而得

$$h = 17.2\ \text{cm} \quad b = \frac{3}{4}h = 12.9\ \text{cm}$$

为加工方便,取$h = 18$ cm,$b = 13$ cm。

(2)校核剪应力强度。

作剪力图(见图6-8(c)),由剪力图可得

$$F_{Qmax} = 49\ \text{kN}$$

则最大剪应力为

$$\tau_m = \frac{1.5 F_{Qmax}}{A} = \frac{1.5 \times 49 \times 10^3}{18 \times 13 \times 10^2} = 3.14(\text{MPa}) > [\tau] = 1.7\ \text{MPa}$$

说明原设计的截面尺寸不能够满足剪应力强度条件,因此必须重新设计。

(3)按剪应力强度条件重新设计截面。

由 $\tau_m = \dfrac{1.5F_{Qmax}}{A} \leqslant [\tau]$,可得

$$A \geqslant \frac{1.5F_{Qmax}}{[\tau]} = \frac{1.5 \times 49 \times 10^3}{1.7 \times 10^6} = 432 \times 10^{-4}(m^2) = 432\ cm^2$$

而截面面积为

$$A = bh = \frac{3}{4}h^2$$

$$\frac{3}{4}h^2 = 432\ cm^2$$

解得

$$h = 24\ cm \quad b = \frac{3}{4}h = 18\ cm$$

最后确定枕木的截面尺寸为 $b = 18\ cm, h = 24\ cm$。

【例6-8】 图6-8(a)所示简支工字钢梁,集中力 $F = 10\ kN$,作用于跨中,通过截面形心并与 y 轴夹角 $\theta = 20°$,已知许用应力 $[\sigma] = 160\ MPa$,试选择工字钢的型号。取 $\dfrac{W_z}{W_y} = 10$。

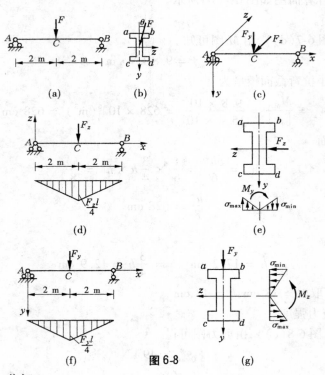

图 6-8

解 (1)外力分解。

如图6-8(c)所示,可有

$$F_y = F\cos\theta = 10 \times \cos 20° = 9.4(\text{kN})$$
$$F_z = F\sin\theta = 10 \times \sin 20° = 3.4(\text{kN})$$

（2）内力分析。

梁同时在两个互相垂直的平面内弯曲,最大的弯矩都发生在跨中,其值分别为

$$M_y = \frac{F_z l}{4} = \frac{3.4 \times 4}{4} = 3.4(\text{kN} \cdot \text{m})$$

$$M_z = \frac{F_y l}{4} = \frac{9.4 \times 4}{4} = 9.4(\text{kN} \cdot \text{m})$$

（3）应力计算。

$$\frac{1}{W_z}\left(M_z + \frac{W_z}{W_y}M_y\right) \leqslant [\sigma]$$

将 $\dfrac{W_z}{W_y} = 10$ 代入上式,解得

$$W_z \geqslant \frac{1}{[\sigma]}\left(M_z + \frac{W_z}{W_y}M_y\right) = \frac{1}{160} \times (9.4 \times 10^6 + 10 \times 3.4 \times 10^6)$$

$$= 271\ 250(\text{mm}^3) = 271.25\ \text{cm}^3$$

查表得 No22a 工字钢,其 $W_z = 309\ \text{cm}^3$, $W_y = 40.9\ \text{cm}^3$。代入公式进行验算

$$\sigma_{\text{max}} = \frac{M_z}{W_z} + \frac{M_y}{W_y} = \frac{9.4 \times 10^6}{309 \times 10^3} + \frac{3.4 \times 10^6}{40.9 \times 10^3} = 113.55(\text{MPa}) \leqslant [\sigma] = 160\ \text{MPa}$$

满足要求但强度富余量过大,可改选 No20a 工字钢,其 $W_z = 237\ \text{cm}^3$, $W_y = 31.5\ \text{cm}^3$,则

$$\sigma_{\text{max}} = \frac{M_z}{W_z} + \frac{M_y}{W_y} = \frac{9.4 \times 10^6}{237 \times 10^3} + \frac{3.4 \times 10^6}{31.5 \times 10^3} = 147.60(\text{MPa}) \leqslant [\sigma] = 160\ \text{MPa}$$

满足要求,可选 No20a 工字钢。

【例 6-9】 一简支梁由 No28b 工字钢制成,承受荷载作用如图 6-9 所示。已知 $F = 20$ kN,$l = 9$ m,$E = 210 \times 10^3$ MPa,$[\sigma] = 170$ MPa,$\left[\dfrac{f}{l}\right] = \dfrac{1}{500}$。试校核该梁的强度和刚度。

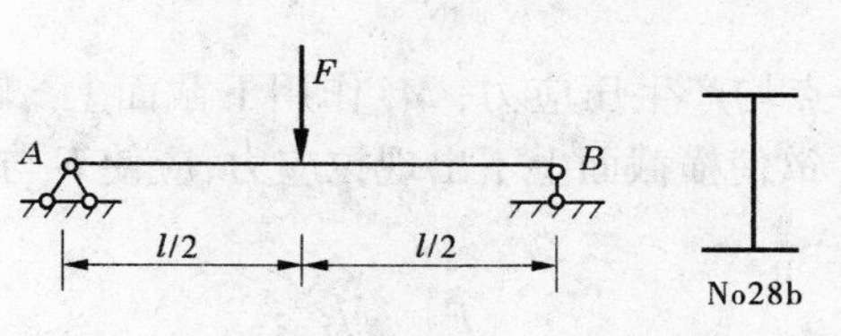

图 6-9

解 （1）由型钢表可查得 28b 工字钢有关数据如下

$$W_z = 534.29\ \text{cm}^3 \qquad I = 7\ 480\ \text{cm}^4$$

（2）强度校核。

$$M_{\text{max}} = \frac{Fl}{4} = \frac{20 \times 9}{4} = 45(\text{kN} \cdot \text{m})$$

$$\sigma_{max} = \frac{M_{max}}{W_z} = \frac{45 \times 10^6}{534.29 \times 10^3} = 84.2(\text{MPa}) < [\sigma] = 170 \text{ MPa}$$

强度满足要求。

（3）刚度校核。

$$\frac{f}{l} = \frac{Fl^3}{48EI} = \frac{20 \times 10^3 \times (9 \times 10^3)^2}{48 \times 210 \times 10^3 \times 7\,480 \times 10^4} = \frac{1}{465} > \left[\frac{f}{l}\right] = \frac{1}{500}$$

不满足强度条件，需加大截面尺寸。

若选用 No32a 工字钢，其 $I = 11\,075.5 \text{ cm}^4$，则

$$\frac{f}{l} = \frac{20 \times 10^3 \times (9 \times 10^3)^2}{48 \times 210 \times 10^3 \times 11\,075.5 \times 10^4} = \frac{1}{689} < \left[\frac{f}{l}\right] = \frac{1}{500}$$

满足刚度条件。

【例 6-10】 矩形截面受压杆如图 6-10（a）所示，F 的作用点位于截面的 y 轴上，F、b、h 均为已知，试求杆的横截面不出现拉应力的最大偏心距。

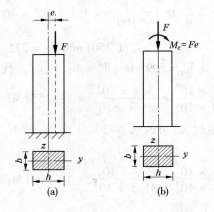

图 6-10

解 将 F 移到截面形心处并附加一力偶矩为 $M_z = Fe$ 的力偶（见图 6-10（b）），杆的变形为压弯组合变形。

F 作用下横截面上各点均产生压应力；M_z 作用下截面上 z 轴左侧受拉，最大拉应力发生在截面的左边缘处。欲使横截面上不出现拉应力，应使 F 与 M_z 共同作用下横截面左边缘处的正应力为零，即

$$\sigma = -\frac{F}{A} + \frac{M_z}{W_z} = 0$$

亦即

$$-\frac{F}{bh} + \frac{Fe}{\frac{1}{6}bh^2} = 0$$

解得

$$e = \frac{h}{6}$$

训练题

6-1 如图 6-11 所示轴向拉(压)杆件，AB 段横截面面积 $A_1 = 800 \text{ mm}^2$，BC 段横截面面积 $A_2 = 600 \text{ mm}^2$，试求各段的工作应力。

6-2 如图 6-12 所示三角形托架，杆 AC 为圆截面杆，直径 $d = 20 \text{ mm}$，杆 BD 为刚性杆，D 端受力为 15 kN。试求杆 AC 的正应力。

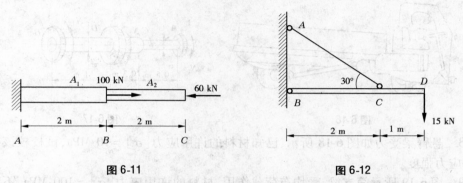

图 6-11   图 6-12

6-3 如图 6-13 所示结构，已知杆 AB 为圆截面钢杆，直径 $d = 20 \text{ mm}$，$[\sigma]_{钢} = 160$ MPa，杆 BC 为正方形截面木杆，边长 $a = 60 \text{ mm}$，$[\sigma]_{木} = 12 \text{ MPa}$。求结构的许用荷载 $[F]$。

6-4 如图 6-14 所示，有一高度 $H = 12 \text{ m}$ 的正方形截面石柱，材料的密度 $\rho = 2.3 \times 10^3 \text{ kg/m}^3$，许用应力 $[\sigma] = 1 \text{ MPa}$，在柱顶作用有轴心压力 $F = 500 \text{ kN}$，考虑石柱的自重，求柱的截面尺寸。

6-5 如图 6-15 所示铆接钢板，已知钢板的厚度 $t = 10 \text{ mm}$，铆钉的许用剪应力 $[\tau] = 140 \text{ MPa}$，许用挤压应力 $[\sigma_{bs}] = 320 \text{ MPa}$，拉力 $F = 24 \text{ kN}$。

（1）如设铆钉直径 $d = 17 \text{ mm}$，试校核连接件强度。

（2）如设铆钉直径 $d = 20 \text{ mm}$，试求许用荷载 $[F]$。

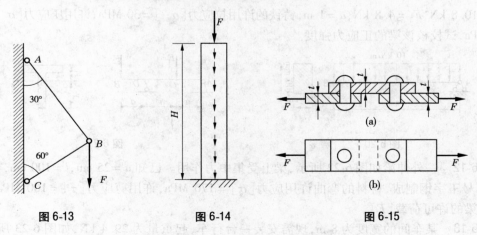

图 6-13   图 6-14   图 6-15

6-6 无缝钢管制成的汽车传动轴 AB 如图 6-16 所示,外径 $D=90$ mm,壁厚 $t=2.5$ mm,材料为 45 号钢。使用时的最大外力偶矩 $M_0=15$ kN·m,如果材料的 $[\tau]=60$ MPa,试校核轴 AB 的扭转强度。

6-7 阶梯圆轴直径分别为 $d_1=4$ cm,$d_2=7$ cm,轴上装有三个皮带轮如图 6-17 所示。已知由轮 3 输入的功率为 $N_3=30$ kW,轮 1 输出的功率为 $N_1=13$ kW,轮作匀速转动,转速 $n=200$ r/min,材料的剪切许用应力 $[\tau]=60$ MPa,剪切弹性模量 $G=80$ GPa,许用扭转角 $[\theta]=2°/m$,校核该轴的强度和刚度。

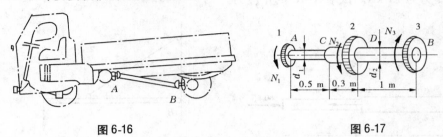

图 6-16   图 6-17

6-8 悬臂梁受力如图 6-18 所示,已知材料的许用应力 $[\sigma]=10$ MPa,试校核该梁的弯曲正应力强度。

6-9 图 6-19 所示简支梁,受均布荷载作用,材料的许用应力 $[\sigma]=100$ MPa,不考虑梁的自重,求许用均布荷载 $[q]$。

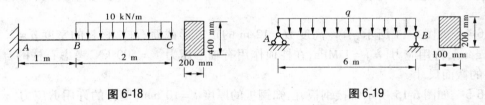

图 6-18   图 6-19

6-10 图 6-20 所示矩形截面梁 AB 受均布荷载 $q=10$ kN/m 作用,许用正应力 $[\sigma]=30$ MPa,许用剪应力 $[\tau]=3$ MPa,试校核该梁的强度。

6-11 图 6-21 所示 T 形截面的铸铁梁,已知 $y_1=5.2$ cm,$y_2=8.8$ cm,$I_z=763$ cm⁴,$F_1=10.8$ kN,$F_2=4.8$ kN,$a=1$ m,铸铁的许用拉应力 $[\sigma^+]=30$ MPa,许用压应力 $[\sigma^-]=60$ MPa,试校核该梁的正应力强度。

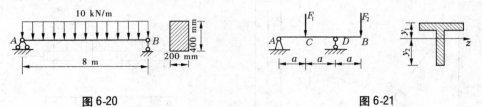

图 6-20   图 6-21

6-12 一外伸梁如图 6-22 所示,梁上受集中力作用。已知 $a=25$ cm,$l=100$ cm,梁由 12.6 号工字钢制成,材料的弯曲许用应力 $[\sigma]=170$ MPa,许用剪应力 $[\tau]=100$ MPa,试求此梁的许可荷载 $[F]$。

6-13 某车间的宽度为 8 m,现需安装一台行车,起重量为 29.4 kN,如图 6-23 所示。

行车大梁选用 No32a 工字钢,单位长度重量为 517 N/m,工字钢的材料为 A3 钢,它的许用弯曲正应力为 $[\sigma]=120$ MPa,试校核该大梁的强度。

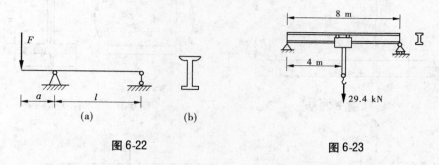

图 6-22　　　　　　　　　　图 6-23

6-14　简支梁受均布荷载如图 6-24 所示。若采用截面面积相等的实心和空心两种圆形截面,$d_1=40$ mm,$d_2/D_2=3/5$。试分别计算它们的最大正应力,并计算空心截面比实心截面的最大正应力减小了百分之几。

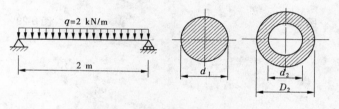

图 6-24

6-15　图 6-25 所示槽形截面悬臂梁,$P=10$ kN,$M_0=70$ kN·m,材料的许用拉应力 $[\sigma^+]=70$ MPa,许用压应力 $[\sigma^-]=120$ MPa,试校核其强度。

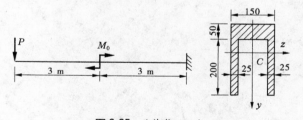

图 6-25　(单位:mm)

6-16　图 6-26 所示外伸梁截面为工字形,承受荷载 $P=20$ kN 作用,材料的许用应力 $[\sigma]=160$ MPa,试选择工字钢的型号。

6-17　图 6-27 所示梁为一承受纯弯曲的铸铁梁,其截面为倒 T 形,材料的拉伸与压缩许用应力之比为 $[\sigma^+]/[\sigma^-]=1/3$,求水平翼板的合理宽度 b。

6-18　试计算图 6-28 所示简支梁的最大挠度。

6-19　一简支梁由 No20b 工字钢制成,承受荷载作用如图 6-29 所示。已知 $F=10$ kN,$q=4$ kN/m,$l=6$ m,$E=200$ GPa,$\left[\dfrac{f}{l}\right]=\dfrac{1}{400}$。试校核该梁的刚度。

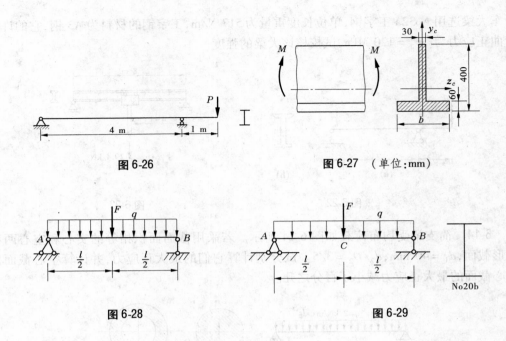

图 6-26

图 6-27 （单位：mm）

图 6-28

图 6-29

图 6-5 （单位：mm）

第七章　压杆稳定

学习指导

一、内容提要

（一）压杆稳定的概念

压杆的稳定性是指受压杆件保持其原有平衡状态的能力。

当细长直杆受到轴向压力 F 作用时，若 F 数值较小，则压杆保持直线平衡状态。这时，如果压杆受到微小横向力作用，就会产生微小的弯曲，但外界干扰一消除，杆件即能回复到原有的直线平衡状态，这种状态称为稳定平衡状态。

当细长压杆受到的轴向压力 F 逐渐增大，大于某一数值时，压杆一旦受到外界干扰，就会急剧弯曲，即使撤去横向干扰力，杆件也不能回复到原有的直线平衡状态，而且有继续弯曲的可能，这种状态称为不稳定的平衡状态，也就是丧失稳定性，简称失稳。

当杆件的轴向压力 F 等于某一数值时，压杆既可能在直线状态保持平衡，也可能在微弯状态保持平衡，这种状态称为临界平衡状态。临界平衡状态时的压力称为临界压力或临界荷载，用 F_{cr} 表示。临界力 F_{cr} 是判别压杆是否会失稳的重要指标。

（二）细长压杆的临界力

经推导可得各种支承情况下压杆临界力计算公式为

$$F_{cr} = \frac{\pi^2 EI}{(\mu l)^2} \tag{7-1}$$

式中：E 为构件材料的弹性模量；I 为压杆横截面的惯性矩，当两端支承在各个方向都相同时，I 取 $I_{\min}$，当两端支承在各个方向不相同时，应分别再计算，然后取其最小值作为压杆的临界荷载；μ 为压杆的长度系数，与杆端的支承情况有关；l 为压杆长度。

式（7-1）称为压杆临界力的欧拉公式。

（三）压杆临界应力

1. 大柔度杆的临界应力——欧拉公式

$$\sigma_{cr} = \frac{F_{cr}}{A} = \frac{\pi^2 EI}{(\mu l)^2 A} = \frac{\pi^2 E}{\lambda^2} \tag{7-2}$$

$$\lambda = \frac{\mu l}{i} \quad i = \sqrt{\frac{I}{A}}$$

式中：i 为截面的惯性半径；λ 为系数，长细比，无量纲。

欧拉公式适用条件为 $\lambda \geqslant \lambda_p$，$\lambda_p$ 用式（7-3）计算

$$\lambda_p = \pi \sqrt{\frac{E}{\sigma_p}} \tag{7-3}$$

当 $\lambda \geqslant \lambda_p$ 时,压杆称为大柔度杆或细长杆,应用欧拉公式计算临界应力。

2. 中小柔度杆的临界应力——经验公式

对于 $\lambda < \lambda_p$ 的压杆称为中小柔度杆。工程中常采用抛物线公式为

$$\sigma_{cr} = a - b\lambda^2 \tag{7-4}$$

式中:a、b 为与材料的力学性能有关的两个常数。

3. 临界应力总图

将临界应力与柔度之间的函数关系绘在直角坐标系内,从而得到临界应力随柔度变化的 $\sigma_{cr} \sim \lambda$ 曲线图形,称为临界应力总图。

(四)压杆的稳定计算

1. 压杆的稳定条件

$$\sigma = \frac{F_N}{A} \leqslant [\sigma_{cr}] \tag{7-5}$$

$$[\sigma_{cr}] = \varphi[\sigma]$$

则

$$\sigma = \frac{F_N}{A} \leqslant \varphi[\sigma]$$

式中:φ 为折减系数或稳定系数,是一个恒小于 1 的系数,其值与材料和柔度 λ 的大小有关。

2. 稳定性计算

(1)稳定性校核。由已知条件利用稳定条件来校核。

(2)选择截面。由 $A \geqslant \dfrac{F_N}{\varphi[\sigma]}$ 选择截面,工程中采用试算法计算。

(3)许可荷载确定。由 $F_N \leqslant A\varphi[\sigma]$,由 F_N 再推求外力 F。

3. 提高压杆稳定性的措施。

(1)合理使用材料。理论上 E 值的增加可以提高压杆的临界应力。

(2)尽量减小压杆柔度:①减小压杆长度 l;②加强杆端约束能力;③选择合理的截面形状。

二、精选例题

【例 7-1】 一松木压杆,两端为球铰,如图 7-1 所示。已知压杆材料的比例极限 $\sigma_p = 9$ MPa,弹性模量 $E = 1.0 \times 10^4$ MPa。压杆截面为如下两种:

(1)$h = 120$ mm,$b = 90$ mm 的矩形;

(2)$a = 104$ mm 的正方形。

试比较二者的临界荷载(已知松木 $a = 29.3$ MPa,$b = 0.019$ MPa)。

解 (1)矩形截面。

首先分析压杆类型。压杆两端为球铰,则 $\mu = 1$,截面的 i_{min} 为

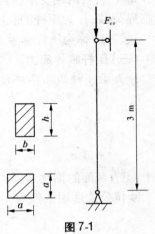

图 7-1

$$i_{\min} = \sqrt{\frac{I_{\min}}{A}} = \sqrt{\frac{hb^3/12}{hb}} = \frac{b}{\sqrt{12}} = \frac{90}{\sqrt{12}} = 26.0(\text{mm})$$

$$\lambda = \frac{\mu l}{i_{\min}} = \frac{1 \times 3 \times 10^3}{26} = 115.4$$

$$\lambda_p = \sqrt{\frac{\pi^2 E}{\sigma_p}} = \sqrt{\frac{\pi^2 \times 10^4}{9}} = 104.7$$

由于 $\lambda > \lambda_p$,故该压杆为大柔度杆件,临界荷载由欧拉公式计算。

$$F_{cr} = \frac{\pi^2 EI}{(\mu l)^2} = \frac{\pi^2 \times 1.0 \times 10^4 \times \frac{1}{12} \times 120 \times 90^3}{(1 \times 3\,000)^2} = 79.9(\text{kN})$$

(2)正方形截面。

$$i_{\min} = \frac{a}{\sqrt{12}} = \frac{104}{\sqrt{12}} = 30.0(\text{mm})$$

$$\lambda = \frac{\mu l}{i} = \frac{1 \times 3 \times 10^3}{30} = 100$$

$$\lambda_p = 104.7$$

由于 $\lambda < \lambda_p$,属于中小柔度杆件,由经验公式来计算临界荷载。

$$\sigma_{cr} = a - b\lambda^2 = 29.3 - 0.001\,9 \times 100^2 = 10.3(\text{MPa})$$

$$F_{cr} = \sigma_{cr}A = 10.3 \times 104^2 = 111.4 \times 10^3(\text{N}) = 111.4 \text{ kN}$$

由上述面积相等的两种截面可以看出,正方形截面压杆的临界荷载大,不容易失稳。

【例 7-2】 如图 7-2(a)所示,结构由两根直径相同的圆杆构成,杆的材料为 Q235 钢,直径 $d = 20$ mm,材料的许用应力 $[\sigma] = 170$ MPa,已知 $h = 0.4$ m,作用力 $F = 15$ kN。试校核二杆的稳定性。

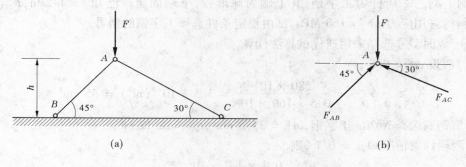

(a)　　　　　　　　　　　　　　　(b)

图 7-2

解 (1)计算各杆承受的轴力。取结点 A 为研究对象,画出受力图,如图 7-2(b)所示,根据平衡条件列方程有

$$\sum F_x = 0 \qquad F_{AB}\cos 45° - F_{AC}\cos 30° = 0$$

$$\sum F_y = 0 \qquad F_{AB}\sin 45° + F_{AC}\sin 30° - F = 0$$

解得

$$F_{AB} = 13.45 \text{ kN} \qquad F_{AC} = 10.98 \text{ kN}$$

（2）计算两杆的长细比，并查取折减系数。

两杆长度分别为

$$l_{AB} = \frac{h}{\sin45°} = 0.4 \times \sqrt{2} = 0.566(\text{m})$$

$$l_{AC} = \frac{h}{\sin30°} = 0.4 \times 2 = 0.8(\text{m})$$

则两杆的长细比分别为

$$i = \sqrt{I/A} = \sqrt{\frac{\pi d^4/64}{\pi d^2/4}} = \frac{d}{4}$$

$$\lambda_{AB} = \frac{\mu l_{AB}}{i} = \frac{1.0 \times 566}{20/4} = 113.2$$

$$\lambda_{AC} = \frac{\mu l_{AC}}{i} = \frac{1.0 \times 800}{20/4} = 160$$

折减系数为

$$\varphi_{AB} = 0.536 - \frac{(0.536 - 0.466)}{10} \times 3.2 = 0.514$$

$$\varphi_{AC} = 0.272$$

（3）由稳定条件校核。

$$\sigma_{AB} = \frac{F_{AB}}{A} = \frac{13.45 \times 10^3}{\pi \times 20^2/4} = 42.81(\text{MPa}) < \varphi_{AB}[\sigma] = 0.514 \times 170 = 87.38(\text{MPa})$$

$$\sigma_{AC} = \frac{F_{AC}}{A} = \frac{10.98 \times 10^3}{\pi \times 20^2/4} = 34.95(\text{MPa}) < \varphi_{AC}[\sigma] = 0.272 \times 170 = 46.24(\text{MPa})$$

故二杆均满足稳定条件。

【例7-3】 一压杆为工字钢，其上端为球形铰，下端固定。已知 $l = 4.2$ m，$F = 280$ kN，材料的许用应力$[\sigma] = 160$ MPa，试由稳定条件选择工字钢的型号。

解 截面型号选择采用迭代试算法计算。

（1）假设 $\varphi_1 = 0.5$ ，则

$$A_1 \geqslant \frac{F}{\varphi_1[\sigma]} = \frac{280 \times 10^3}{0.5 \times 160 \times 10^6} = 3.5 \times 10^{-3}(\text{m}^2) = 35\ \text{cm}^2$$

由型钢表选择 No20a 工字钢，$A_1' = 35.5$ cm^2，$i_{\min} = 2.12$ cm。

由两端约束情况知 $\mu = 0.7$ ，则

$$\lambda_1 = \frac{\mu l}{i} = \frac{0.7 \times 4.2 \times 10^2}{2.12} = 138.7$$

由线性内插得 $\varphi_1' = 0.356$ ，与原假设 0.5 相差甚大，需作第二次试算。

（2）再假设 $\varphi_2 = \frac{\varphi_1 + \varphi_1'}{2} = \frac{0.5 + 0.356}{2} = 0.428$ ，则

$$A_2 \geqslant \frac{F}{\varphi_2[\sigma]} = \frac{280 \times 10^3}{0.428 \times 160 \times 10^6} = 4.09 \times 10^{-3}(\text{m}^2) = 40.9\ \text{cm}^2$$

由型钢表选择 No22a 工字钢，$A_2' = 42$ cm^2，$i_{\min} = 2.31$ cm。

$$\lambda_2 = \frac{\mu l}{i} = \frac{0.7 \times 4.2 \times 10^2}{2.31} = 127$$

由线性内插得 $\varphi_2' = 0.421$,与 φ_2 相差不大,由稳定条件校核得

$$\sigma = \frac{F}{A_2'} = \frac{280 \times 10^3}{42 \times 10^2} = 66.7(\text{MPa}) < \varphi_2'[\sigma] = 0.421 \times 160 = 67.36(\text{MPa})$$

故选择 No22a 工字钢。

训练题

一、选择题

7-1　当 $F < F_{cr}$ 时,压杆处于(　)状态。

　　A. 失稳　　　　B. 保持稳定　　　　C. 临界

7-2　当 $\lambda > \lambda_p$ 时,压杆属于(　)杆件。

　　A. 大柔度杆件　　　　B. 中小柔度杆件　　　　C. 短杆

二、填空题

7-3　压杆的临界力 F_{cr} 与_____、_____和_____因素有关。

7-4　压杆的柔度 λ 又称为_____,它与_____、_____因素有关。

7-5　提高压杆稳定性的措施有:_____、_____、

_____和_____。

三、计算题

7-6　如图 7-3 所示压杆,材料为 Q235 钢,横截面有四种形式,其面积均为 3.2×10^3 mm^2,试计算它们的临界力,并进行比较。已知弹性模量 $E = 200$ GPa,$a = 240$ MPa,$b = 0.00682$ MPa,$\lambda_p = 100$。

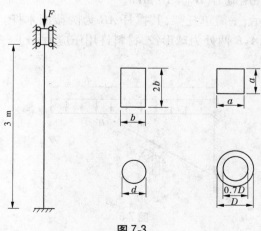

图 7-3

7-7 如图7-4所示,轴向受压杆件的材料和截面均相同,试问哪一种最稳定? 哪一种容易失稳?

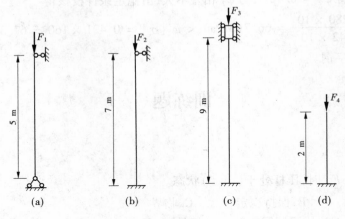

图 7-4

7-8 如图7-5所示,压杆的截面为矩形,$h = 60$ mm,$b = 40$ mm,杆长 $l = 2.0$ m,材料为 Q235 钢,$E = 2.1 \times 10^5$ MPa。杆端约束示意图为:在正视图(a)的平面内相当于两端铰支;在俯视图(b)的平面内相当于两端固定。试求此杆的临界力 F_{cr}。

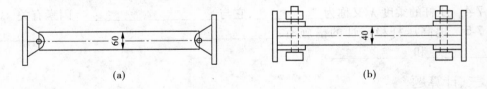

图 7-5 (单位:mm)

7-9 木柱高 6 m,截面为圆形,直径 $d = 20$ cm,两端铰接,承受轴向压力 $F = 50$ kN,试校核其稳定性,木材的许用应力 $[\sigma] = 10$ MPa。

7-10 如图7-6所示,一简单托架,其撑杆 AB 为圆截面木杆。若托架上受到 $q = 50$ kN/m 的均布荷载作用,A、B 两处为球形铰,材料许用压应力 $[\sigma] = 11$ MPa,试求撑杆所需的直径 d。

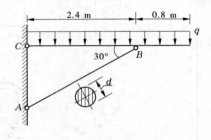

图 7-6

7-11 如图7-7所示支架,杆BD为正方形截面木杆,其长度$l=2$ m,截面边长$a=0.1$ m,木材的许用应力$[\sigma]=10$ MPa,试从满足杆BD的稳定条件考虑,计算该支架的最大荷载F_{max}。

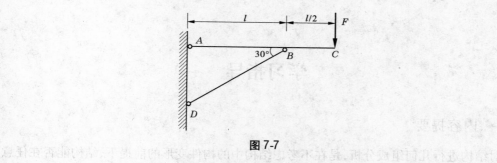

图 7-7

第八章 结构的几何组成分析

学习指导

一、内容提要

对结构进行几何组成分析,是在不考虑结构中的构件变形的前提下,结构能否在任意荷载作用下保持原有的几何形状和位置不发生变化。这在工程中非常重要,通常非几何不变体系的结构是不能作为土木工程结构来使用的。几何组成分析可以帮助判定静定结构或超静定结构。通过几何组成分析还可以了解结构的主次关系,从而有了选择结构受力分析次序的依据。

在本章,主要研究平面杆系体系的几何组成分析。

(一)平面杆系体系的分类

平面杆系体系可分为几何不变体系和几何可变体系两类。体系受到任意荷载作用后,在不考虑材料应变的前提下,若能保持其几何形状和位置不变,称为几何不变体系;反之,若在不考虑材料应变的前提下,其几何形状和位置都发生改变的体系,称为几何可变体系。其中,几何不变体系又分为有多余约束与无多余约束两类,有多余约束的几何不变体系又称为超静定结构,无多余约束的几何不变体系又称为静定结构。而几何可变体系又分为常变体系与瞬变体系两种类型,这两种体系的区别在于前者发生变形后仍为几何可变体系,而后者则变成几何不变体系。

(二)几何不变体系的简单组成规则

1. 工程中常见的约束及其性质

(1)一根链杆相当于一个约束。

(2)一个简单铰或固定铰支座相当于两个约束。

(3)一个刚结点或固定端支座相当于三个约束。

(4)连接两刚片的两根链杆的交点相当于一个铰。

2. 组成规则

凡符合以下各规则所组成的体系,都是几何不变体系且无多余约束:

(1)一个点与一个刚片通过两根不共线的链杆连接,组成的几何不变体系又称为二元体。

(2)两个刚片通过一个铰与一根不共线的链杆连接。

(3)两刚片通过三根既不完全平行又不交于一点的链杆连接。

(4)三刚片之间用不共线的三个铰两两相连。

二、精选例题

【例8-1】 分析图 8-1(a)所示体系的几何组成。

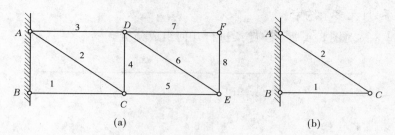

图 8-1

解 对图 8-1 所示桁架作几何组成分析时,观察其中 *ABC* 部分(见图 8-1(b)),其是由链杆 1、2 固定 *C* 点而形成的几何不变二元体。在此基础上,分别用链杆(3、4)、(5、6)、(7、8)组成二元体,依次固定 *D*、*E*、*F* 各点。由图可见,其中每对链杆均不共线,由此组成的桁架属于几何不变体系,且无多余约束。

【例8-2】 试分析图 8-2 所示体系的几何组成。

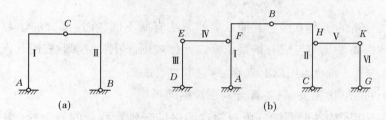

图 8-2

解 图 8-2(a)所示的三铰刚架,是用不在一条直线上的三个铰,将两刚片和基础三者之间两两相连构成几何不变体系,且无多余约束。

对图 8-2(b)所示体系作几何组成分析:*ABC* 为二元体,由 *ABC* 分别向两侧各派生一个二元体,最后组成几何不变体系,且无多余约束。

【例8-3】 试对图 8-3(a)所示结构进行几何组成分析。

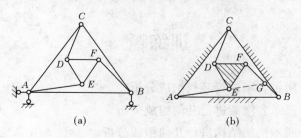

图 8-3

解 三角形 *ABC* 和 *DEF* 分别视为刚片,其中三角形 *ABC* 与基础由不共线链杆 *B* 和铰 *A* 相连,由两刚片规则可视三角形 *ABC* 为扩大基础,如图 8-3(b)所示。三角形 *DEF* 和扩大基础由链杆 *BF* 和 *AE* 形成的虚铰 *G* 以及链杆 *DC* 相连,由两刚片规则可得出结构是几何不变体系,且无多余约束。

【例 8-4】 试对图 8-4 所示多跨梁进行几何组成分析。

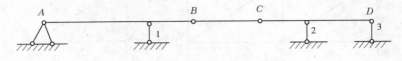

图 8-4

解 多跨梁可分成 *AB*、*BC*、*CD* 与基础四部分,将梁段 *AB* 看做刚片,它通过铰 *A* 和链杆 1 与基础相连,组成几何不变体系,看做扩大基础。将梁段 *BC* 看做链杆,则梁 *CD* 通过既不完全平行又不交于一点的链杆 *BC*、2、3 和扩大基础相连,组成几何不变体系,且无多余约束。

三、学习注意事项

几何组成分析的研究方法与其他章节的方法有所不同,在这部分的学习中应注意分析问题能力的提高。几何组成分析是依据二元体规则、两刚片规则、三刚片规则进行判别分析的,因此必须正确地运用以上规则。判别时应注意:

(1)与构件的形状无关,只要符合判别规则即可。

(2)连接两相同构件的两链杆可视为这两根链杆延长线处的一个铰(虚铰)约束,如果这两根链杆平行则虚铰在其平行线的无穷远处。

(3)对不影响结构几何组成分析的部分构件可先将其拆除再进行分析,从而使问题简化。

(4)对于与基础形成几何不变体系的部分可视为和基础构成扩大基础。

(5)在分析过程中不同的约束类型可根据其性质进行替换,如一个固定铰支座可视为一个简单铰或是两根链杆。

训练题

8-1 试对图 8-5 所示各梁进行几何组成分析。

8-2 试对图 8-6 所示各刚架进行几何组成分析。

8-3 试对图 8-7 所示桁架结构进行几何组成分析。

8-4 试对图 8-8 所示各拱结构进行几何组成分析。

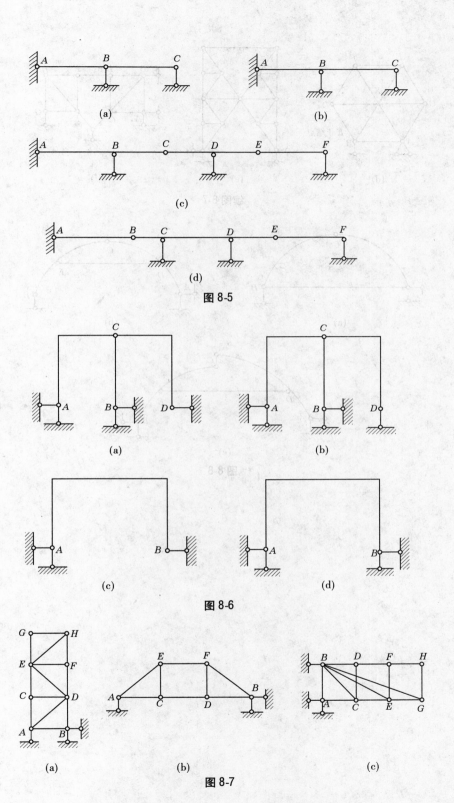

图 8-5

图 8-6

图 8-7

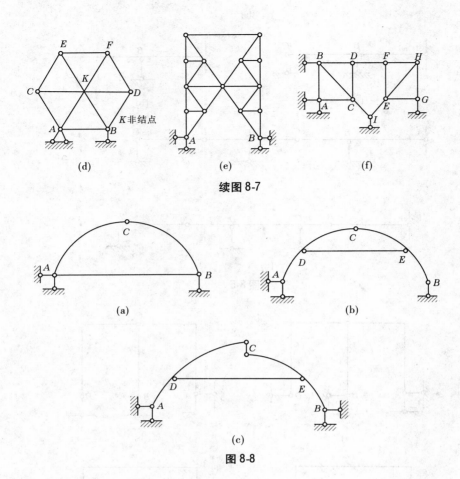

(d)　　　　　(e)　　　　　(f)

续图 8-7

(a)　　　　　(b)

(c)

图 8-8

第九章 静定结构的内力分析

学习指导

一、内容提要

本章的基本内容是:多跨静定梁和静定平面刚架的内力分析与内力图绘制,静定平面桁架内力计算的方法,三铰拱支座反力与内力的计算方法。

重点:静定平面刚架的内力计算。

难点:刚架内力图的绘制。

二、学习注意事项

(一)静定平面结构的特性

静定结构是没有多余联系的几何不变体系,静定结构的反力和内力是只用静力平衡条件就可以确定的。

(二)静定平面结构的不同类型及比较

静定平面结构主要有静定梁、静定刚架、静定拱、静定桁架和组合结构。

静定梁包括单跨静定梁和多跨静定梁。单跨静定梁可分为简支梁、外伸梁和悬臂梁,是组成各种结构的基本形式之一。多跨静定梁是使用短梁小跨度的一种较合理的结构形式。

静定刚架分为简支刚架、悬臂刚架和三铰刚架,是直杆由刚结点连接组成的结构。由于有刚结点,各杆之间可以传递弯矩,内力分布较为均匀,可以充分发挥材料的性能,同时刚结点处刚架杆数少,可以形成较大的内部空间。

静定拱主要有三铰拱和带拉杆的三铰拱。它们是由曲杆组成,在竖向荷载作用下,支座处有水平反力的结构。水平推力使拱上的弯矩比同情况下的梁的弯矩小得多,因而材料可以充分得到利用。又由于拱主要是受压,这样可以利用抗压性能好而抗拉性能差的砖、石和混凝土等建筑材料。

静定桁架是由等截面直杆相互用铰链连接组成的结构。理想桁架各杆均为只受轴向力的二力杆,内力分布均匀,可以用较少的材料跨越较大的跨度。

(三)内力计算

(1)计算多跨静定梁时,可以将其分成若干单跨梁分别计算,应首先计算附属部分,再计算基础部分,最后将各单跨梁的内力图连在一起,即可得到多跨静定梁的内力图。

(2)静定平面刚架是具有三种内力的结构,虽然其内力分析方法与梁没有什么区别,但由于它是由横杆和竖杆或斜杆所组成的,增加了内力计算和绘制内力图的难度。

刚架内力计算的基本方法是截面法,常用方法是简捷法。刚架内力图的绘制仍采用简捷法,对于少数杆段还采用了区段叠加法作弯矩图。绘制刚架内力图的基本方法是将刚架拆成单个杆件,求各杆件的杆端内力,分别作出各杆件的内力图,然后将各杆的内力图合并在一起即得到刚架的内力图。在求解各杆的杆端内力时,应注意结点的平衡。

(3)三铰拱的内力计算用相应简支梁的剪力和弯矩联系来表示。这样求三铰拱的内力归结为求拱的水平推力和相应简支梁的剪力和弯矩,然后代入相应公式计算即可。

(4)求解静定平面桁架的基本方法是结点法和截面法。前者以结点为研究对象,用平面汇交力系的平衡方程求解内力,一般首先选取的结点未知内力的杆不超过 2 根;而截面法是用假想的截面把桁架断开,取一部分为研究对象,用平面任意力系的平衡方程求解内力,应注意假想的截面一定要把桁架断为两部分(即每一部分必须有一根完整的杆件),一个截面一般不应超过截断 3 根未知内力的杆件。

在一般桁架中,不可能在每个结点上都作用有荷载,因而不受荷载作用的结点所联结的各杆中,通常存在轴力为零的杆件,这种轴力为零的杆件称为零杆,确定零杆的依据依然是结点平衡条件。对于杆件较多的桁架,若能在计算轴力之前,将那些轴力为零的杆件确定下来,会简化计算过程。

工程中绝大多数桁架都具有对称性(一般都是关于某根竖杆对称),对称的桁架结构在对称的外力作用下,处于对称位置杆件的轴力相等。如果我们充分利用这一特性,会使计算事半功倍。

三、精选例题

【例 9-1】 作图 9-1(a)所示多跨静定梁的内力图。

解 (1)作层次图,如图 9-1(b)所示。由几何组成分析,*AB* 为基本部分,*BCD* 和 *DEF* 为附属部分。

(2)计算支座反力。按由最高层到最低层的计算顺序,应用静力平衡条件,先从附属部分 *DEF* 开始计算,*D* 点反力求出后,其反作用力就是梁 *BCD* 的荷载,再计算出梁 *BCD* 在 *B* 点的反力,反其指向就是梁 *AB* 的荷载,如图 9-1(c)所示。

(3)作内力图。可先作出各单跨梁的弯矩图和剪力图,再将各跨梁的内力图在铰接处连在一起,即为该多跨静定梁的内力图,如图 9-1(d)、(e)所示。

从例 9-1 可以看出,多跨静定梁中间铰处的弯矩为零。因此,可以通过调整铰的位置从而改变整个梁的弯矩分布情况。一般来说,多跨静定梁的弯矩比相应的简支梁的弯矩小,所用材料较为节省,但多跨静定梁的结构较为复杂,因此在实际工程中具体采用哪种形式,还需要根据多方面的条件比较才能确定。

【例 9-2】 试作图 9-2(a)所示悬臂刚架的内力,并作出内力图。

解 对于悬臂刚架,可以不计算支座反力而直接计算内力。

(1)计算各杆的杆端内力。

杆 *AB* $\qquad M_{AB} = M_{BA} = -4 \times 4 \times 2 = -32(kN \cdot m)(左拉)$

$$F_{QAB} = F_{QBA} = 0$$

$$F_{NAB} = F_{NBA} = -4 \times 4 = -16(kN)(压)$$

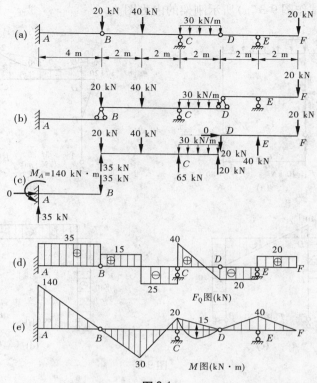

图 9-1

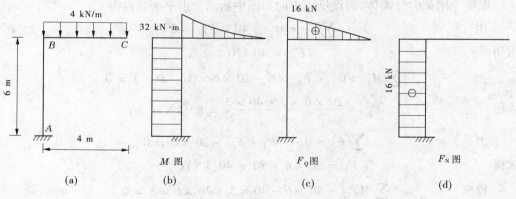

图 9-2

杆 BC $M_{BC} = M_{BA} = -32(\text{kN} \cdot \text{m})(\text{上拉})$ $M_{CB} = 0$

$$F_{QBC} = 4 \times 4 = 16(\text{kN}) \qquad F_{QCB} = 0$$

$$F_{NBC} = F_{NCB} = 0$$

杆 BC 跨中截面的弯矩由叠加法求得

$$M = -\frac{32}{2} + 8 = -8(\text{kN} \cdot \text{m})(\text{上拉})$$

（2）作出刚架的弯矩图、剪力图、轴力图，如图 9-2（b）、（c）、（d）所示。

【例 9-3】 试作图 9-3(a)所示刚架的内力图。

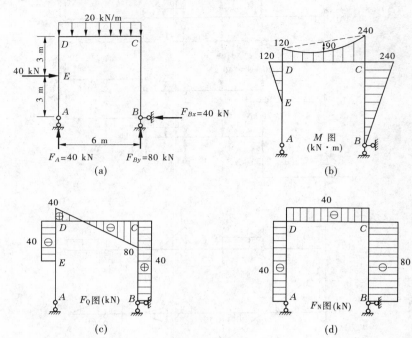

图 9-3

解 (1)求支座反力。

取整个刚架为分离体,假设反力方向如图中所示。由平衡条件得

由 $\qquad \sum F_x = 0 \qquad 40 - F_{Bx} = 0$

求得 $\qquad F_{Bx} = 40 \text{ kN}(\leftarrow)$

由 $\qquad \sum M_A = 0 \qquad F_{By} \times 6 - 20 \times 6 \times 3 - 40 \times 3 = 0$

求得 $\qquad F_{By} = \dfrac{20 \times 6 \times 3 + 40 \times 3}{6} = 80(\text{kN})(\uparrow)$

由 $\qquad \sum F_y = 0 \qquad F_A + F_{By} - 20 \times 6 = 0$

求得 $\qquad F_A = 20 \times 6 - 80 = 40(\text{kN})(\uparrow)$

校核 $\qquad \sum M_B = -40 \times 6 - 40 \times 3 + 20 \times 6 \times 3 = 0$

故可知支座反力计算无误。

(2)求各杆杆端内力。

AE 段 $\qquad M_{AE} = M_{EA} = 0$

$$F_{QAE} = F_{QEA} = 0$$

$$F_{NAE} = F_{NEA} = -40 \text{ kN}$$

ED 段 $\qquad M_{ED} = 0 \quad M_{DE} = -40 \times 3 = -120(\text{kN} \cdot \text{m})(左侧受拉)$

$$F_{QED} = F_{QDE} = -40 \text{ kN}$$

$$F_{NED} = F_{NDE} = -40 \text{ kN}$$

BC 段　　　$M_{BC} = 0$　　　$M_{CB} = 40 \times 6 = 240 (\mathrm{kN \cdot m})$（右侧受拉）

$$F_{QBC} = F_{QCB} = 40 \ \mathrm{kN}$$

$$F_{NBC} = F_{NCB} = -80 \ \mathrm{kN}$$

DC 段：计算 DC 杆端的内力，可以利用刚性结点 D 和 C 的平衡条件求得（见图9-4）。

图 9-4

结点 D

$$\sum F_x = 0 \qquad F_{NDC} = -40 \ \mathrm{kN}$$

$$\sum F_y = 0 \qquad F_{QDC} = 40 \ \mathrm{kN}$$

$$\sum M_D = 0 \qquad M_{DC} = -120 \ \mathrm{kN \cdot m}（上侧受拉）$$

结点 C

$$\sum F_x = 0 \qquad F_{NCD} = -40 \ \mathrm{kN}$$

$$\sum F_y = 0 \qquad F_{QCD} = -80 \ \mathrm{kN}$$

$$\sum M_C = 0 \qquad M_{CD} = -240 \ \mathrm{kN \cdot m}（上侧受拉）$$

（3）由各杆端的内力值分别绘出刚架的弯矩图、剪力图、轴力图，如图9-3（b）、（c）、（d）所示。在作弯矩图时，由于 DC 段的两端弯矩已求得，因此采用叠加法画该段弯矩图，即将两端纵坐标值的顶点以虚线相连，从虚线的中点向下叠加简支梁的跨中弯矩，可得 DC 段的弯矩图，简支梁的跨中弯矩值为 $\dfrac{ql^2}{8} = \dfrac{20 \times 6^2}{8} = 90 (\mathrm{kN \cdot m})$。

【例 9-4】　用结点法计算图 9-5（a）所示桁架各杆件的内力。

解　由于桁架及荷载是对称的，故支座反力和杆件内力必然为对称，所以只计算半边桁架的内力即可。

（1）计算平面桁架的支座反力，可得

$$F_{Ay} = F_B = \frac{20}{2} = 10 (\mathrm{kN})（\uparrow）$$

$$F_{Ax} = 0$$

（2）计算各杆内力。

先取结点 A 为分离体，如图 9-5（b）所示，根据平衡条件列方程可得

$$\sum F_y = 0 \quad F_{NAC}\sin 30° + F_{Ay} = 0 \qquad F_{NAC} = -20 \ \mathrm{kN}（压力）$$

$$\sum F_x = 0 \quad F_{NAD} + F_{NAC}\cos 30° = 0 \qquad F_{NAD} = 17.3 \ \mathrm{kN}（拉力）$$

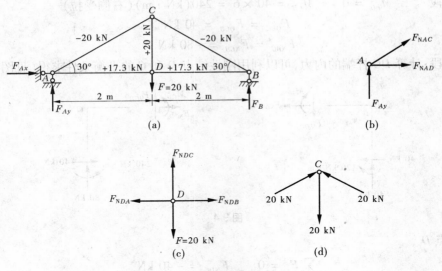

图 9-5

再取结点 D 为分离体,如图 9-5(c)所示,根据平衡条件列方程可得

$$\sum F_y = 0 \qquad F_{NDC} = 20 \text{ kN}(拉力)$$

桁架各杆的轴力值标于图 9-5(a)中。

(3)校核。

取结点 C 为分离体,如图 9-5(d)所示,校核结点的平衡条件,有

$$\sum F_x = 20\cos30° - 20\cos30° = 0$$

$$\sum F_y = 20\sin30° + 20\sin30° - 20 = 0$$

故计算无误。

训练题

9-1 作图 9-6 所示多跨静定梁的内力图。

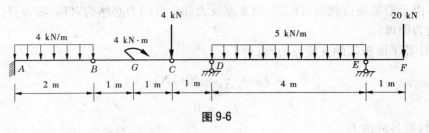

图 9-6

9-2 绘制图 9-7 所示各悬臂刚架的内力图。

9-3 绘制图 9-8 所示各简支刚架的内力图。

9-4 指出图 9-9 所示各桁架中的零杆。

9-5 用结点法计算图 9-10 所示桁架中各杆的轴力。

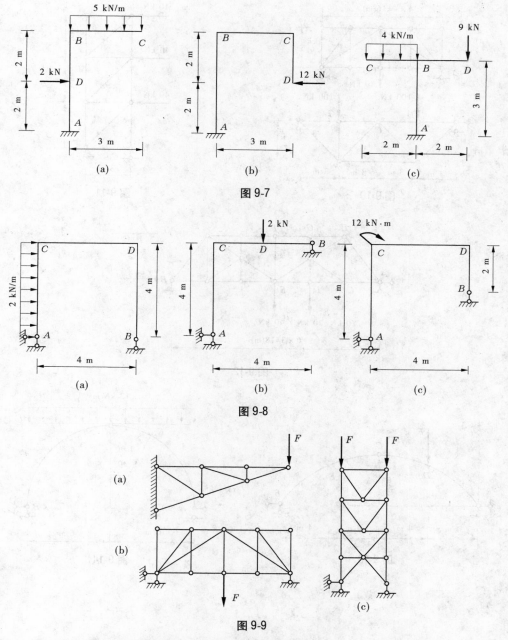

图 9-7

图 9-8

图 9-9

9-6　计算图 9-11 所示各桁架中指定杆件的轴力。

9-7　试求图 9-12 所示桁架中杆 *DE*、杆 *FE*、杆 *FC* 的轴力。

9-8　如图 9-13 所示抛物线三铰拱轴线的方程为 $y = \dfrac{4f}{l^2}x(l-x)$，$l = 16$ m，$f = 4$ m。求支座的约束反力和截面 *E* 的 M、F_Q、F_N 值。

9-9　求图 9-14 所示圆弧三铰拱的支座反力和截面 *K* 的内力。

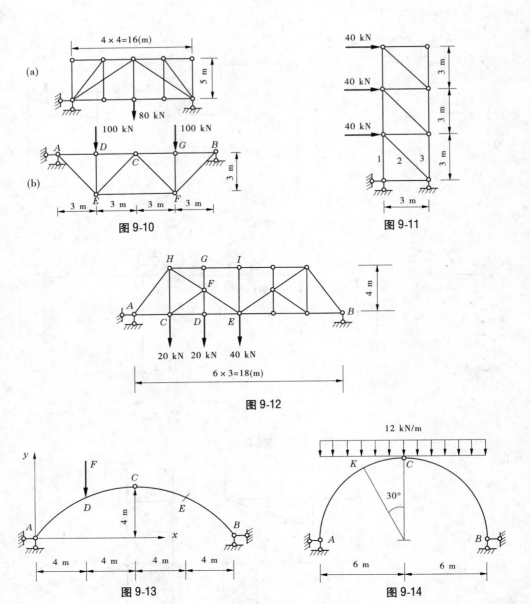

图 9-10

图 9-11

图 9-12

图 9-13

图 9-14

第十章 静定结构的位移计算

学习指导

一、内容提要与学习注意事项

本章介绍了广义力、广义位移、实功以及虚功的概念,变形体虚功原理的内容及应用,荷载作用下静定结构的位移计算公式,图乘法的概念及使用条件,图乘法计算梁和刚架的位移的方法,支座移动影响下的位移计算方法,互等定理的概念等。

学习要求:掌握变形体虚功原理的内容及其应用条件,掌握广义力的广义位移的概念;掌握单位荷载法,掌握荷载作用下位移计算的公式;掌握图乘法的概念及其应用条件,熟练运用图乘法计算梁和刚架的位移。

(一)位移的概念及影响因素

结构的位移指结构的变形引起结构各截面位置的变化。结构的位移一般分为线位移和角位移。荷载作用、温度改变、材料胀缩、支座移动和制造误差等都会使结构产生位移。

(二)静定结构位移计算的目的

进行结构位移计算的目的主要有以下几方面:

(1)验算结构的刚度。

(2)为超静定结构的内力分析奠定基础。

(3)便于结构、构件的制作和施工。

(三)实功与虚功

实功指力在自身引起位移上所做的功。当做功的力与相应的位移之间彼此独立无关时,这种功称为虚功。以图 10-1 为例进行说明。

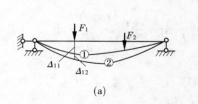 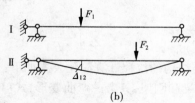

$$(a) \qquad\qquad (b)$$

图 10-1

图 10-1(a)中所示简支梁,在力 F_1 作用下产生图中曲线①所示变形,F_1 作用点产生了位移 Δ_{11},则功 $W_1 = F_1\Delta_{11}$ 为实功。再施加力 F_2,产生图中曲线②所示变形,F_1 作用点在 F_2 作用下产生了位移 Δ_{12},则功 $W_{12} = F_1\Delta_{12}$ 为虚功,即做功的力与位移之间没有因果关系。

若把虚功的力和位移分别画在两个图中,如图10-1(b)所示,则图中 I 所示称为结构的力状态,图中 II 所示称为结构的位移状态。

虚功中的力可以是集中力、力偶、一对集中力、一对力偶以及某一力系等,统称为"广义力",而线位移、角位移、相对线位移、相对角位移以及某一组位移等,可统称为广义位移。

(四)虚功原理

变形体虚功原理:变形体在力系作用下处于平衡状态时,若使它产生任意的、微小的、可能的虚位移,则力状态的外力沿位移状态的相应位移所做的虚功等于力状态的内力沿位移状态的相应变形所做的内力虚功。

虚功原理的内容可以简单理解为外力虚功等于内力虚功,即 $W_{\text{外}} = W_{\text{内}}$。虚功原理涉及两个状态:一个是力状态,另一个是与力状态无关的位移状态。在这两个状态下,由虚功原理可得到式(10-1)虚功方程

$$\sum F\Delta + \sum \overline{F}C = \sum \int_0^l (F_N du + Md\varphi + F_Q dv) \tag{10-1}$$

虚功原理及虚功方法提供了结构位移计算的方法,是结构位移计算的基础。

(五)位移计算的方法——单位荷载法

1. 位移计算的一般公式

进行结构位移计算时,若虚设的力状态中,力为单位力,即 $F_K = 1$,则式(10-1)可写为

$$\Delta_{KP} = \sum \int \overline{F}_{NK} du + \sum \int \overline{M}_K d\varphi + \sum \int \overline{F}_{QK} dv - \sum \overline{F}_R C \tag{10-2}$$

式(10-2)为结构位移计算的一般公式。

2. 荷载产生的位移计算公式

当结构的位移仅是荷载引起的,而无支座移动时,式(10-2)中的 $\sum \overline{F}_R C$ 一项为零,位移计算公式为

$$\Delta_{KP} = \sum \int \overline{F}_{NK} du + \sum \int \overline{M}_K d\varphi + \sum \int \overline{F}_{QK} dv \tag{10-3}$$

由线弹性变形体的变形公式:$du = \dfrac{F_{NP} ds}{EA}, d\varphi = \dfrac{M_P ds}{EI}, dv = \dfrac{kF_{QP} ds}{GA}$可得

$$\Delta_{KP} = \sum \int \frac{\overline{F}_{NK} F_{NP}}{EA} ds + \sum \int \frac{\overline{M}_K M_P}{EI} ds + \sum \int \frac{k\overline{F}_{QK} F_{QP}}{GA} ds \tag{10-4}$$

各类结构的位移计算简化公式如下:

(1)梁和刚架,只考虑弯曲变形,式(10-4)简化为

$$\Delta_{KP} = \sum \int \frac{\overline{M}_K M_P}{EI} ds \tag{10-5}$$

(2)桁架,只考虑轴向变形

$$\Delta_{KP} = \sum \int \frac{\overline{F}_{NK} F_{NP}}{EA} ds \tag{10-6}$$

利用位移计算公式计算结构位移时,需要注意所求位移不同,相应虚设的力状态也不

同。图 10-2 表示了几种单位荷载设置情况。

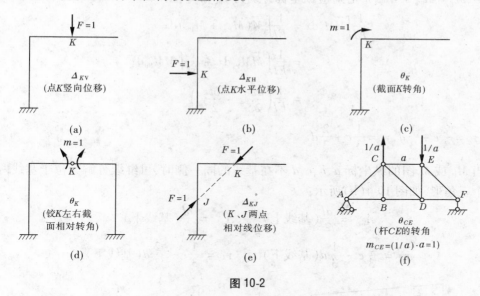

图 10-2

(六)图乘法

在求梁和刚架的位移时,如果满足以下三个条件则可不必计算积分,直接利用图乘法求解位移:

(1)杆轴线为直线。

(2)EI 为常数。

(3)$\overline{M}$ 和 M_P 两个弯矩图至少有一个为直线图形。

如图 10-3 所示,虚拟状态和实际状态对应的弯矩图中有一个为

直线图形,则积分 $\int \dfrac{\overline{M}M_P}{EI}\mathrm{d}s$ 等于非直线图形的面积 A_ω 乘以其图形形

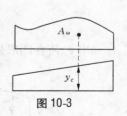

图 10-3

心在直线图形上对应的竖标 y_c,再除以 EI,即 $\Delta = \dfrac{1}{EI}A_\omega y_c$。

使用图乘法时应注意:

(1)图乘法有一定的适用条件。

(2)A_ω 为一个弯矩图的面积,y_c 为另一个弯矩图中的纵坐标。

(3)纵坐标 y_c 必须取在直线图形中,对应计算面积的图形的形心处。

(4)当单位弯矩图和荷载弯矩图在基线同侧时,$A_\omega y_c > 0$;否则,取 $A_\omega y_c < 0$。

(5)当图乘法的适用条件不满足时的处理方法:曲杆或 $EI = EI(x)$ 时,只能用积分法求位移,当 EI 分段为常数或单位弯矩图、荷载弯矩图均为非直线时,应分段图乘再叠加。

使用图乘法时,常见图形的形心、面积可参考相应教材。这里只对图形形心位置或面积不便确定的情况加以说明。此时,可以考虑将图形分解为几个易于确定形心位置和面积的部分。现举例说明。

如图 10-4(a)所示两个梯形相乘时,梯形的形心不易定出,我们可以把它分解为两个

三角形，$M_P = M_{Pa} + M_{Pb}$，形心对应纵坐标分别为 y_a 和 y_b，则

$$\frac{1}{EI}\int \overline{M} M_p \,\mathrm{d}x = \frac{1}{EI}\int \overline{M}(M_{Pa} + M_{Pb})\,\mathrm{d}x$$

$$= \frac{1}{EI}\int \overline{M} M_{Pa}\,\mathrm{d}x + \frac{1}{EI}\int \overline{M} M_{Pb}\,\mathrm{d}x$$

$$= \frac{1}{EI}\left(\frac{al}{2} y_a + \frac{bl}{2} y_b\right)$$

式中：$y_a = \dfrac{2}{3}c + \dfrac{1}{3}d$，$y_b = \dfrac{1}{3}c + \dfrac{2}{3}d$。

当 M_P 或 $\overline{M}$ 图的纵坐标 a、b、c、d 不在基线的同一侧时，可继续分解为位于基线两侧的两个三角形，如图 10-4(b) 所示：

$$A_{\omega a} = \frac{al}{2}\text{（基线上）} \qquad A_{\omega b} = \frac{bl}{2}\text{（基线下）}$$

$$y_a = \frac{2}{3}c - \frac{1}{3}d\text{（基线下）} \qquad y_b = \frac{1}{3}c - \frac{2}{3}d\text{（基线下）}$$

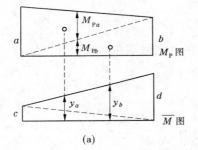
(a)

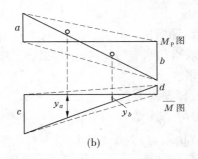
(b)

图 10-4

当 y_c 所在图形是折线或各杆段截面不相等时，均应分段图乘，再进行叠加，如图 10-5 所示。

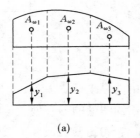
(a)

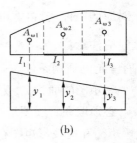
(b)

图 10-5

图 10-5(a) 中

$$\Delta = \frac{1}{EI}(A_{\omega 1} y_1 + A_{\omega 2} y_2 + A_{\omega 3} y_3)$$

图 10-5(b) 中

$$\Delta = \frac{A_{\omega 1} y_1}{EI_1} + \frac{A_{\omega 2} y_2}{EI_2} + \frac{A_{\omega 3} y_3}{EI_3}$$

（七）互等定理

（1）虚功互等定理：第一状态的外力在第二状态的位移上所做的功等于第二状态的外力在第一状态的位移上所做的功，即 $W_{12} = W_{21}$。

（2）位移互等定理：第二个单位力所引起的第一个单位力作用点沿其方向的位移 δ_{12} 等于第一个单位力所引起的第二个单位力作用点沿其方向的位移 δ_{21}，即 $\delta_{12} = \delta_{21}$。

（3）反力互等定理：支座 1 发生单位位移所引起的支座 2 的反力等于支座 2 发生单位位移所引起的支座 1 的反力，即 $r_{21} = r_{12}$。

以上各互等定理只适用于线弹性体系。

二、精选例题

【例 10-1】 求图 10-6（a）所示简支梁截面 B 的角位移。已知 EI 为常数。

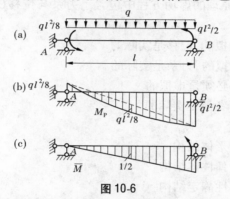

图 10-6

解 作荷载弯矩图如图 10-6（b）所示。该图形可以分解为两部分，如图中虚线所示。在截面 B 施加单位力偶，并绘制弯矩图如图 10-6（c）所示。

满足图乘法使用条件，利用图解法求截面 B 的角位移，有

$$\theta_B = \frac{1}{EI}\left[\left(\frac{1}{2} \times l \times \frac{ql^2}{2} \times \frac{2}{3} - \frac{1}{2} \times l \times \frac{ql^2}{8} \times \frac{1}{3}\right) + \frac{2}{3}l \times \frac{1}{8}ql^2 \times \frac{1}{2}\right] = \frac{3ql^3}{16EI}$$

【例 10-2】 求图 10-7（a）所示结构 A、B 两点的相对水平位移。已知 EI 为常数。

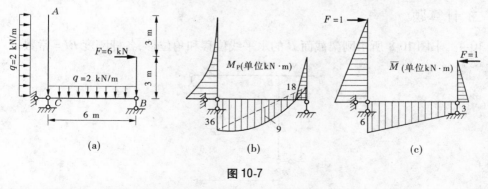

图 10-7

解 作荷载弯矩图如图 10-7（b）所示。

在截面 A、B 施加单位荷载，绘制弯矩图如图 10-7（c）所示。利用图乘法，有

$$\Delta_{AB} = \frac{1}{EI}\left\{\frac{1}{3} \times 36 \times 6 \times \frac{3}{4} \times 6 - \frac{1}{2} \times 18 \times 3 \times \frac{2}{3} \times 3 + \right.$$

$$\frac{1}{2} \times 36 \times 6 \times \left[3 + \frac{2}{3} \times (6-3)\right] - \frac{1}{2} \times 6 \times 18 \times \left[3 + \frac{1}{3} \times (6-3)\right] +$$

$$\left.\frac{2}{3} \times 6 \times 9 \times \frac{(3+6)}{2}\right\} = \frac{756}{EI}$$

训练题

一、选择题

10-1 变形体虚位移原理的虚功方程中包含了力系与位移(及变形)两套物理量,下列说法正确的是( )。

　　A. 力系必须是虚拟的,位移是实际的

　　B. 位移必须是虚拟的,力系是实际的

　　C. 力系与位移都必须是虚拟的

　　D. 力系与位移两者都是实际的

10-2 功的互等定理( )。

　　A. 适用于任意变形体结构

　　B. 适用于任意线弹性体结构

　　C. 仅适用于线弹性静定结构

　　D. 仅适用于线弹性超静定结构

10-3 用图乘法求位移的必要条件之一是( )。

　　A. 单位荷载下的弯矩图为一直线

　　B. 结构可分为等截面直杆段

　　C. 所有杆件 EI 为常数且相同

　　D. 结构必须是静定的

二、计算题

10-4 求图 10-8 所示刚架截面 B 的水平线位移和角位移,各杆刚度 $EI =$ 常数。

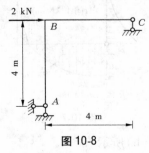

图 10-8

10-5 求图 10-9 所示刚架中截面 C 的水平线位移,各杆 EI = 常数。

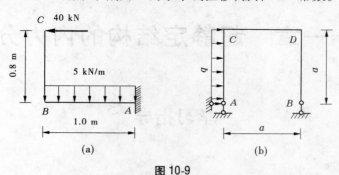

图 10-9

10-6 求图 10-10 所示刚架 A、D 两截面间的相对水平线位移,各杆 EI = 常数。

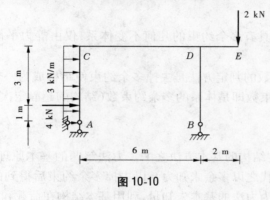

图 10-10

第十一章　超静定结构的内力分析

学习指导

一、内容提要

(一)学习内容

1. 概述

(1)超静定结构是具有多余约束的几何不变体系,仅由静力平衡条件不能完全求出它的反力和内力。

(2)结构超静定次数的判定方法是去掉多余约束使结构成为一个无多余约束的几何不变体系,则去掉的约束数即是体系的多余约束数(结构的超静定次数)。

2. 力法

1)力法的基本原理

力法是计算超静定结构的基本方法之一。力法解题的基本原理是:首先将超静定结构中的多余约束去掉,代之以多余未知力。以去掉多余约束后得到的静定结构作为基本结构,以多余未知力作为力法的基本未知量,利用基本结构在荷载和多余未知力共同作用下的变形条件建立力法的基本方程,从而求解多余未知力。求得多余未知力后,超静定问题就转化为静定问题,可用平衡条件求解所有未知力。

因此,力法计算的关键是:确定基本未知量,选择基本结构,建立基本方程。

2)确定基本未知量和选择基本结构

一般用去掉多余约束使原超静定结构变为静定结构的方法。去掉的多余约束处的多余未知力即为基本未知量,去掉多余约束后的静定结构即为基本结构。所以,基本未知量和基本结构是同时选定的。同一超静定结构可以选择多种基本结构,应尽量选择计算简单的基本结构,但必须保证基本结构是几何不变且无多余约束的静定结构。

3)建立力法方程

基本结构在荷载(或温度变化、支座移动等)及多余未知力作用下,沿多余未知力方向的位移应与原结构在相应处的位移相等,据此列出力法方程。

对于 n 次超静定结构,按照基本结构上在 n 个多余未知力方向上的位移与原结构保持一致的原则,可建立 n 个力法方程,即

$$\Delta_1 = \delta_{11}X_1 + \delta_{12}X_2 + \delta_{13}X_3 + \cdots + \delta_{1n}X_n + \Delta_{1P} = 0$$
$$\Delta_2 = \delta_{21}X_1 + \delta_{22}X_2 + \delta_{23}X_3 + \cdots + \delta_{2n}X_n + \Delta_{2P} = 0$$
$$\vdots$$
$$\Delta_n = \delta_{n1}X_1 + \delta_{n2}X_2 + \delta_{n3}X_3 + \cdots + \delta_{nn}X_n + \Delta_{nP} = 0$$

力法典型方程的物理意义为:基本结构在全部多余未知力和已知荷载作用下,沿多余未知力方向的位移,等于原结构相应的位移。

4)力法方程的系数和自由项的计算

系数和自由项的计算就是求静定结构的位移。因此,要使系数、自由项的计算准确,必须保证静定结构的内力(或内力图)正确和位移计算准确。

力法方程中的主系数(δ_{ii})恒大于零;副系数和自由项可能小于零、等于零,也可能大于零,且副系数 $\delta_{ij} = \delta_{ji}$,注意这一特点。

5)超静定结构的内力计算与内力图的绘制

通过解力法方程求得多余未知力后,可用静力平衡方程或内力叠加公式计算超静定结构的内力和绘制内力图。

对于梁和刚架来说,一般先计算杆端弯矩、绘制弯矩图,然后计算杆端剪力、绘制剪力图,最后计算杆端轴力、绘制轴力图。

当用力法方程解出多余未知力后,原结构内力就相当于是在多余未知力及其他外因作用下的静定的基本结构的内力计算问题了,可用叠加原理求得。如梁和刚架的弯矩为

$$M = \overline{M}_1 X_1 + \overline{M}_2 X_2 + \cdots + \overline{M}_n X_n + M_P$$

6)对称性的利用

如果结构对称,可选择对称的基本结构,利用荷载对称或反对称作用时的内力和变形特性,可使计算得以简化。

3. 位移法

1)位移法的基本原理

任何一个结构其力和位移必有一固定关系,如果能够确定某些位移,则必定能求出一些力。位移法就是以结点位移为基本未知量,利用平衡方程求得结点位移,进一步求出杆端内力的一种直线解超静定结构的方法。

2)位移法基本未知量的确定及其基本结构

位移法的结点转角和独立的结点线位移作为基本未知量,结点转角根据刚结点判定,一个刚结点处有一个结点转角,而独立结点线位移数目则可根据直观判断或铰化刚结点的方法确定。

位移法的基本结构是在每一个刚结点处加以附加刚臂以限制结点转角,每一独立结点线位移处加一附加链杆以限制结点线位移,把原结构转化为一系列相互独立的单跨超静定梁的组合体,即为位移法的基本结构。

3)位移法的典型方程

基本结构在荷载作用下和附加约束产生与原结构相同位移的情况下,在每一个附加约束上产生的约束反力应与原结构保持一致(原结构上无附加约束反力),以此建立的平衡方程为位移法典型方程,即

$$r_{11}z_1 + r_{12}z_2 + \cdots + r_{1n}z_n + R_{1P} = 0$$
$$r_{21}z_1 + r_{22}z_2 + \cdots + r_{2n}z_n + R_{2P} = 0$$
$$\vdots$$
$$r_{n1}z_1 + r_{n2}z_2 + \cdots + r_{nn}z_n + R_{nP} = 0$$

4. 力矩分配法

力矩分配法是建立在位移法基础上的一种数值逼近法,不需要求解未知量。对于单结点结构,计算结果是精确结果;对于两个及以上结点的结构,力矩分配法是一种近似计算方法,但其误差是收敛的,换句话说,即可以循环计算直至误差在允许范围内。

力矩分配法的计算步骤如下:

(1)将各刚结点看做是锁定的(即将结构拆成单杆),查表得到各杆的固端弯矩。

(2)计算各杆的线刚度 $i = \dfrac{EI}{l}$、转动刚度 S,确定刚结点处各杆的分配系数 μ,并用结点处总分配系数为 1 进行验算。

(3)计算刚结点不平衡力矩 $\sum M^F$,将结点不平衡力矩变号分配得近端位移弯矩。

(4)根据远端约束条件确定传递系数 C,计算远端位移弯矩。

(5)依次对各结点循环进行分配、传递计算,当误差在允许范围内时,终止计算,然后将各杆端的固端弯矩与位移弯矩进行代数相加,得出最后的杆端弯矩。

(6)根据最终杆端弯矩值及位移法下的弯矩正负号规定绘制弯矩图。

(二)学习要求

了解超静定结构的主要特征、计算方法及超静定结构的超静定次数的确定。

了解力法的基本概念;掌握去掉多余约束形成基本结构的方法,建立力法典型方程,计算系数和自由项,绘制内力图;掌握用力法计算荷载作用下超静定结构的内力和位移,利用对称性简化计算;了解力法计算结果的校核。

了解位移法的基本思路、基本原理;掌握位移法基本未知量的确定,位移法基本结构以及用基本结构法建立位移法方程的方法;掌握典型方程法计算刚架,绘制内力图;会利用对称性简化计算。

了解力矩分配法的基本概念和原理,掌握用力矩分配法计算连续梁和无侧移刚架。

(三)重点内容

超静定结构的特点及超静定次数的确定。

力法的基本原理,力法的基本未知量、基本结构、力法方程,用力法计算超静定结构的步骤,利用对称性进行简化计算的方法,超静定结构位移计算和内力图校核。

位移法的基本原理、基本未知量的确定、位移法基本结构以及用基本结构法建立位移法方程的方法,位移法的简化计算。

力矩分配法基本原理,应用力矩分配法计算连续梁和无侧移刚架。

(四)难点内容

用力法计算荷载作用下超静定结构的内力和位移,并利用对称性简化计算。用基本结构法建立位移法方程,位移法方程计算刚架、绘制内力图。力矩分配法中分配系数及不平衡力矩的计算。

二、精选例题

【例 11-1】 试分析图 11-1(a)所示刚架,$EI =$ 常数。

解 (1)确定超静定次数,选取基本结构。

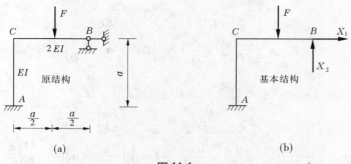

图 11-1

此刚架是两次超静定的。去掉刚架 B 处的两根支座链杆,代以多余力 X_1 和 X_2,得到图 11-1(b)所示的基本结构。

(2)建立力法典型方程,有

$$\delta_{11}X_1 + \delta_{12}X_2 + \Delta_{1P} = 0$$
$$\delta_{21}X_1 + \delta_{22}X_2 + \Delta_{2P} = 0$$

(3)绘出各单位弯矩和荷载弯矩图如图 11-2(a)、(b)、(c)所示。利用图乘法求得各系数和自由项如下

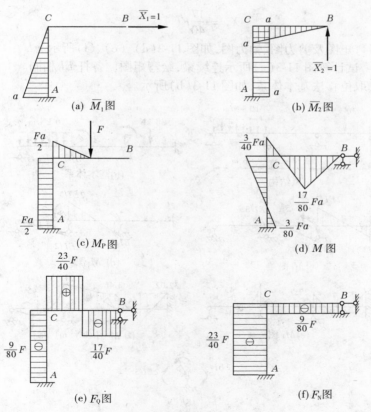

图 11-2

$$\delta_{11} = \frac{1}{EI}\left(\frac{a^2}{2} \times \frac{2a}{3}\right) = \frac{a^3}{3EI}$$

$$\delta_{22} = \frac{1}{2EI}\left(\frac{a^2}{2} \times \frac{2a}{3}\right) + \frac{1}{EI}(a^2 \times a) = \frac{7a^3}{6EI}$$

$$\delta_{12} = \delta_{21} = -\frac{1}{EI}\left(\frac{a^2}{2} \times a\right) = -\frac{a^3}{2EI}$$

$$\Delta_{1P} = \frac{1}{EI}\left(\frac{a^2}{2} \times \frac{Fa}{2}\right) = \frac{Fa^3}{4EI}$$

$$\Delta_{2P} = -\frac{1}{2EI}\left(\frac{1}{2} \times \frac{Fa}{2} \times \frac{a}{2} \times \frac{5a}{6}\right) - \frac{1}{EI}\left(\frac{Fa^2}{2} \times a\right) = -\frac{53Fa^3}{96EI}$$

（4）求解多余力。将以上系数和自由项代入典型方程并消去$\frac{a^3}{EI}$，得

$$\frac{1}{3}X_1 - \frac{1}{2}X_2 + \frac{F}{4} = 0$$

$$-\frac{1}{2}X_1 + \frac{7}{6}X_2 - \frac{53F}{96} = 0$$

解联立方程，得

$$X_1 = -\frac{9}{80}F(\leftarrow)$$

$$X_2 = \frac{17}{40}F(\uparrow)$$

（5）作最后弯矩图及剪力图、轴力图，如图 11-2（d）、（e）、（f）所示。

【例 11-2】 试计算图 11-3（a）所示连续梁，绘弯矩图。各杆 EI 相同。

解 （1）选取位移法基本体系，如图 11-3（b）所示。

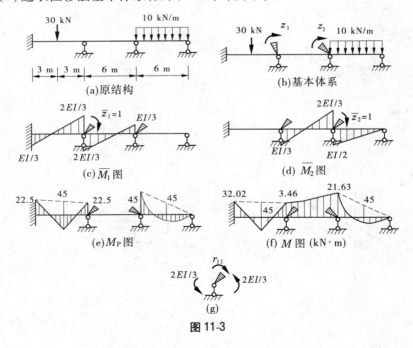

图 11-3

（2）写出位称法方程

$$r_{11}z_1 + r_{12}z_2 + R_{1P} = 0$$
$$r_{21}z_1 + r_{22}z_2 + R_{2P} = 0$$

（3）绘单位弯矩图、荷载弯矩图如图11-3所示，并计算各系数，得

$$r_{11} = \frac{2EI}{3} + \frac{2EI}{3} = \frac{4EI}{3}$$

$$r_{22} = \frac{2EI}{3} + \frac{EI}{2} = \frac{7EI}{6}$$

$$r_{12} = r_{21} = \frac{EI}{3}$$

$$R_{1P} = 22.5 \text{ kN} \cdot \text{m}$$

$$R_{2P} = -45 \text{ kN} \cdot \text{m}$$

（4）解方程，求得

$$z_1 = -\frac{28.56}{EI}$$

$$z_2 = \frac{46.73}{EI}$$

（5）绘弯矩图如图11-3(f)所示。

按 $M = \overline{M}_1 z_1 + \overline{M}_2 z_2 + M_P$ 绘弯矩图。

【例11-3】 用力矩分配法求图11-4(a)所示两跨连续梁的弯矩图。

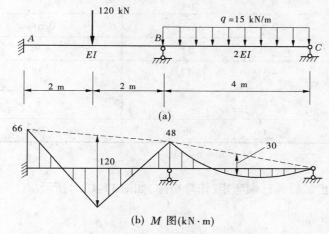

(a)

(b) M 图(kN·m)

图 11-4

解 （1）查表求出各杆端的固端弯矩，有

$$M_{AB}^F = -\frac{Fl}{8} = -\frac{120 \times 4}{8} = -60(\text{kN} \cdot \text{m})$$

$$M_{BA}^F = \frac{Fl}{8} = \frac{120 \times 4}{8} = 60(\text{kN} \cdot \text{m})$$

$$M_{BC}^{F} = -\frac{ql^2}{8} = -\frac{15 \times 4^2}{8} = -30(\text{kN} \cdot \text{m})$$

$$M_{CB}^{F} = 0$$

（2）计算各杆的线刚度、转动刚度与分配系数。

线刚度分别为

$$i_{AB} = \frac{EI}{4} \qquad i_{BC} = \frac{2EI}{4} = \frac{EI}{2}$$

转动刚度分别为

$$S_{BA} = 4i_{AB} = EI$$

$$S_{BC} = 3i_{BC} = \frac{3EI}{2}$$

分别系数分别为

$$\mu_{BA} = \frac{S_{BA}}{S_{BA} + S_{BC}} = \frac{EI}{EI + \dfrac{3EI}{2}} = 0.4$$

$$\mu_{BC} = \frac{S_{BC}}{S_{BA} + S_{BC}} = \frac{\dfrac{3EI}{2}}{EI + \dfrac{3EI}{2}} = 0.6$$

（3）通过列表方式计算分配弯矩与传递弯矩。

杆端	M_{AB}	M_{BA}	M_{BC}	M_{CB}
分配与传递系数	0.5	0.4	0.6	0
固端弯矩	−60	60	−30	0
分配传递计算	−6	−12	−18	0
	← (C = 1/2)		→ (C = 0)	
杆端弯矩	−66	48	−48	0

（4）作弯矩图。

叠加计算,得出最后的杆端弯矩,作弯矩图,如图 11-4(b)所示。

三、学习注意事项

（一）力法解题注意问题

（1）正确判断超静定次数。

（2）正确选取力法基本结构。必须把原结构的全部多余约束都去掉,剩下一个静定结构,即为原结构的基本结构。力法的基本结构不是唯一的,但一般是静定结构。

（3）力法方程的右端不一定是零,与所受外因有关。

（4）简化计算的方法。

①选取对称的基本结构,以简化计算;选取对称的基本结构且基本未知量全是对称或

反对称未知力,这时可将未知力分组,一组只有对称的未知力,一组只有反对称的未知力。

②对称性的可利用对称结构在对称荷载作用下在对称位置只有对称的未知力,在反对称荷载作用下只有反对称的未知力。

(5)注意基本结构和基本体系的区别:基本结构为原结构去掉多余约束后的静定结构;而基本体系为原结构去掉多余约束后的静定结构,再加上所受的外因。

(二)位移法解题注意问题

(1)关于确定结点线位移的两个假定只适用于受弯直杆,不能用于受弯曲杆以及桁架和组合结构中需要考虑轴向变形的轴力杆。

(2)角位移以顺时针转为正,相对线位移以绕杆件顺时针转为正;杆端弯矩绕杆端顺时针转为正。杆端剪力、轴力同前。

(3)典型方程中系数、自由项,其方向和相应位移的方向一致时为正,反之为负。

(4)对具有无限刚性横梁的结构,横梁与柱子的结点角位移为零。

(5)可利用对称性简化计算对称结构在对称荷载作用下产生对称的变形和位移,在反对称荷载作用下产生反对称的变形和位移。在位移法中可以利用位移的对称性和反对称性以求简化。一般取半结构计算。

(三)力矩分配法解题注意问题

(1)对单结点,力矩分配法求得精确解。

(2)力矩分配法适用于无侧移刚架和连续梁。

(3)力矩分配法一般沿一定格式在图上运算。

(4)要明确两个状态(固定状态和放松状态),掌握力矩分配法的三要素(固端弯矩、分配系数、传递系数)的计算。

训练题

一、填空题

11-1 超静定结构的几何组成特征是具有_____,静力特征是仅由平衡方程不能求出全部_____和_____。

11-2 求解超静定问题,都必须综合考虑三个方面的条件:_____;_____;_____。

11-3 结构的超静定次数可以这样确定:_____。

11-4 超静定结构解除多余约束的方法通常有以下几种:切断一根链杆或去掉一个可动铰支座,相当于去掉____个约束;去掉一个单铰或去掉一个固定铰支座,相当于去掉____个约束;将两杆刚结点改为单铰或将固定端改为固定铰支座,相当于去掉____个约束;将一个梁式杆截断或去掉一个固定端支座,相当于去掉____个约束。

11-5 力法的基本未知量为_____,基本结构为
_____,力法典型方程表示原结构的位移条件。

11-6 力法方程就其性质而言,属于_____方程,在力法方程中,δ_{ii}代表结构由单位力_____引起的在单位力_____方向上的位移;δ_{ij}代表结构由单位力_____引起的在单位力_____方向上的位移;Δ_{iP}代表结构由_____引起的在单位力_____方向上的位移。

11-7 对称结构在对称荷载作用下,内力和变形是_____的;在反对称荷载作用下,内力和变形是_____的。

11-8 位移法基本未知量包括_____和_____。位移法方程是根据_____条件而建立的。

11-9 在位移法中,杆端转角以_____为正,杆件两端的相对线位移以_____为正。

11-10 在位移法中,杆端弯矩对杆件分离体而言,以_____为正,而对结点和支座而言,以_____为正。

11-11 汇交于同一刚结点各杆的分配系数之和等于_____。由分配系数乘以反号的不平衡力矩得_____。

11-12 力矩分配法适用于计算_____和_____的弯矩图。

11-13 杆端的转动刚度 S 表示了杆端抵抗转动变形的能力,它与杆件的_____和_____有关,而与杆件的_____无关。

11-14 传递系数 C 等于_____弯矩和_____弯矩之比;当远端为固定端时,$C =$ _____,当远端为铰时,$C =$ _____。

11-15 杆端转动刚度与结点总转动刚度之比称为_____,传递弯矩与分配弯矩之比称为_____。

二、判断题

11-16 力法基本结构必须是静定结构,但基本结构的选取并不唯一。( )

11-17 位移法与力法的主要区别是,位移法以结点位移为基本未知量,而力法则以多余未知量为基本未知量。( )

11-18 在位移法中,若计算结果梁的杆端弯矩为正,则表示为下侧受拉。( )

11-19 结点的不平衡力矩等于该结点处各杆近端固端弯矩的代数和。( )

11-20 等截面直杆的传递系数取决于远端的受力情况。( )

11-21 对图 11-5(a)中所示桁架用力法计算时,取图(b)作为基本体系(杆 AB 被去掉),则其典型方程为:$\delta_{11}X_1 + \Delta_{1P} = 0$。( )

11-22 图 11-6 所示结构用位移法求解时,基本未知量数目为 3,用力法求解,则基本未知量数目为 5。（　　）

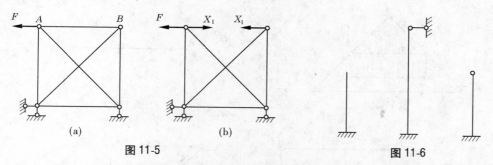

图 11-5

图 11-6

11-23 图 11-7 所示结构,选切断水平杆为力法基本体系时,其 $\delta_{11} = 2h^3/(3EI)$。
（　　）

11-24 取图 11-8 所示结构 CD 杆轴力为力法的基本未知量 X_1,则 $X_1 = F$,各杆 $EA =$ 常数。（　　）

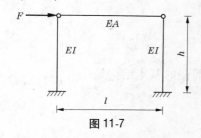

图 11-7

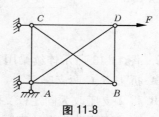

图 11-8

11-25 图 11-9 所示杆 AB 与杆 CD 的 EI、l 相等,但 A 端的转动刚度 S_{AB} 大于 C 端的转动刚度 S_{CD}。（　　）

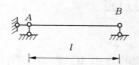

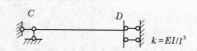

图 11-9

三、选择题

11-26 如图 11-10 所示体系为（　　）。

　　A. 几何可变体系　　　　　　　B. 瞬变体系

　　C. 无多余约束的几何不变体　　D. 有多余约束的几何不变体

11-27 图 11-11 所示超静定结构,如果用力法求解,则基本未知量个数为（　　）,如果用位移法求解,则基本未知量个数为（　　）。

　　A. 1 个　　　　B. 2 个　　　　C. 3 个　　　　D. 5 个

11-28 图 11-12(a)所示桁架,力法基本结构如图(b)所示,力法典型方程中的系数 δ_{11} 为（　　）。

A. 3.414l/EA B. $-4.828l/EA$ C. 4.828l/EA D. 2.0l/EA

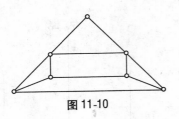

图 11-10

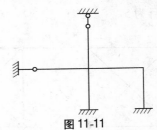

图 11-11

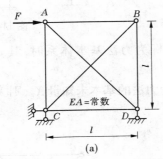

(a)

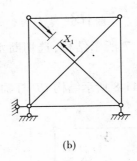

(b)

图 11-12

11-29 图 11-13 所示连续梁用力法求解时,最简便的基本结构是( )。

A. 拆去 B、C 两支座

B. 将 A 支座改为固定铰支座,拆去 B 支座

C. 将 A 支座改为滑动支座,拆去 B 支座

D. 将 A 支座改为固定铰支座,拆去支座 C

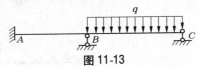

图 11-13

11-30 图 11-14 所示结构,$EI =$ 常数,杆 BC 两端的弯矩 M_{BC} 和 M_{CB} 的比值是( )。

A. $-1/4$ B. $-1/2$ C. 1/4   D. 1/2

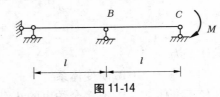

图 11-14

11-31 图 11-15 所示刚架,各杆线刚度 i 相同,则结点 A 的转角大小为( )。

A. $m_0/(9i)$ B. $m_0/(8i)$ C. $m_0/(11i)$ D. $m_0/(4i)$

11-32 图 11-16 所示结构,其弯矩大小为( )。

A. $M_{AC} = Fh/4$,$M_{BD} = Fh/4$ B. $M_{AC} = Fh/2$,$M_{BD} = Fh/4$

C. $M_{AC} = Fh/4$,$M_{BD} = Fh/2$ D. $M_{AC} = Fh/2$,$M_{BD} = Fh/2$

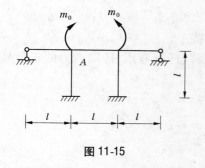

图 11-15

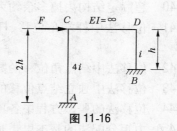

图 11-16

11-33 图 11-17 所示刚架用位移法计算时,自由项 R_{1P} 的值为( )。

　　A. 10　　　B. 26　　　C. -10　　　D. 14

11-34 用位移法求解图 11-18 所示结构时,独立的结点角位移和线位移未知数数目分别为( )。

　　A. 3,3　　　　B. 4,3　　　　C. 4,2　　　　D. 3,2

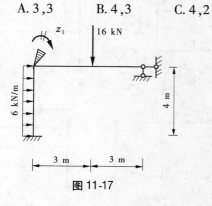

图 11-17

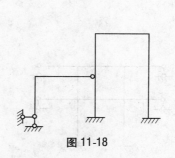

图 11-18

11-35 图 11-19 所示结构中( )不能用力矩分配法计算。

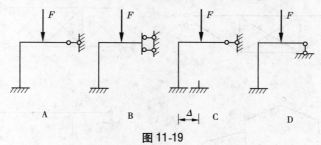

图 11-19

四、简答题

11-36 用力法解超静定结构的思路是什么? 什么是力法的基本体系、基本结构和基本未知量? 为什么首先要计算基本未知量? 基本体系与原结构有何异同? 基本体系与基本结构有何不同?

11-37 力法典型方程的物理意义是什么?

11-38 对称结构在对称荷载和反对称荷载作用下有何特点?

11-39 用位移法计算超静定结构的步骤是什么？

11-40 超静定结构去掉多余约束的方法有哪些？

11-41 位移法中杆端角位移、杆端相对线位移、杆端弯矩、杆端剪力的正负号如何规定？

11-42 位移法中结点角位移的数目如何确定？

11-43 位移法中独立结点位移的数目如何确定？

11-44 位移法的典型方程中各项的含义是什么？

11-45 力矩分配法的基本思想是什么？

五、问答题

11-46 确定如图 11-20 所示各结构的超静定次数。

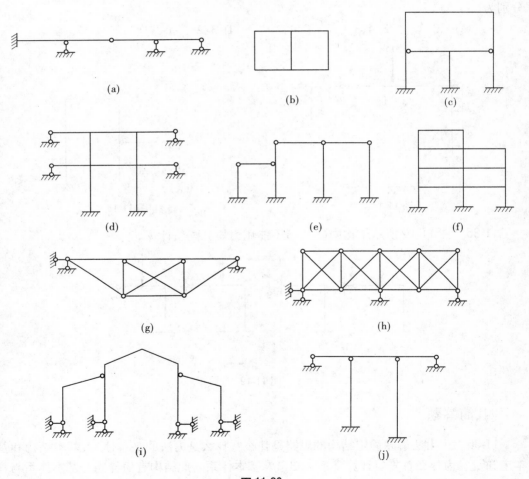

(a)

(b)

(c)

(d)

(e)

(f)

(g)

(h)

(i)

(j)

图 11-20

11-47 试确定图 11-21 所示结构的超静定次数。

11-48 确定图 11-22 所示各结构用位移法计算的基本未知量(θ, Δ)的数目。

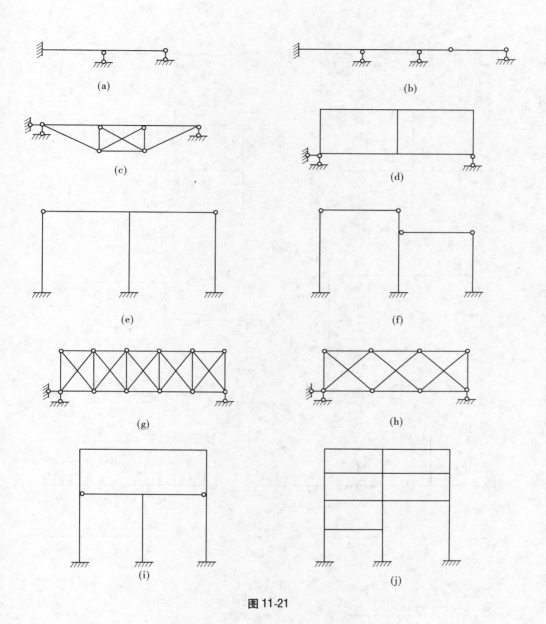

图 11-21

六、计算题

11-49 用力法作如图 11-23 所示超静定梁的弯矩图和剪力图。

11-50 利用对称性计算图 11-24 所示刚架,并绘最后弯矩图。

11-51 用力法作如图 11-25 所示梁的弯矩图。

11-52 试用力法计算图 11-26 所示桁架的轴力。设各种 *EA* 相同。

11-53 试用力法计算图 11-27 所示超静定梁,绘出弯矩图、剪力图和轴力图。

11-54 试用力法计算图 11-28 所示超静定桁架的轴力。

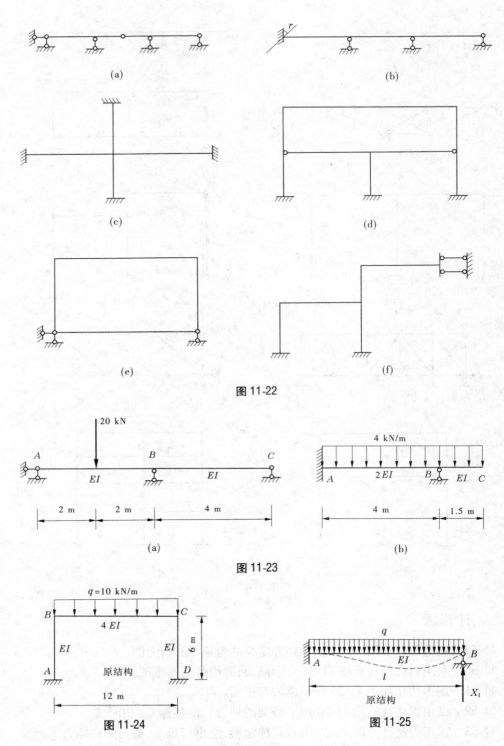

(a)

(b)

(c)

(d)

(e)

(f)

图 11-22

20 kN

A B C

EI EI

2 m   2 m   4 m

(a)

4 kN/m

A $2EI$ B EI C

4 m   1.5 m

(b)

图 11-23

$q=10$ kN/m

B C

$4EI$

EI EI 6 m

A 原结构 D

12 m

图 11-24

q

A EI B

l

原结构 X_1

图 11-25

11-55　试用力法求解图 11-29 所示超静定梁,并绘内力图。$EI=$ 常数。

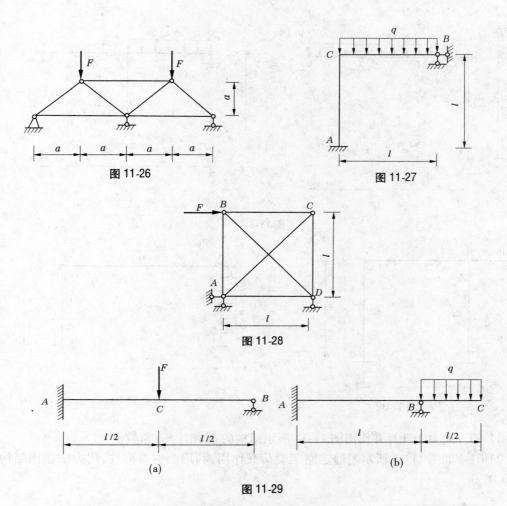

图 11-26

图 11-27

图 11-28

图 11-29

11-56 用力法计算图 11-30 所示刚架,并作 M 图。

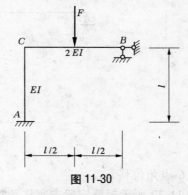

图 11-30

11-57 用力法计算图 11-31 所示超静定刚架,作出内力图。

11-58 用力法计算图 11-32 所示超静定刚架,作出内力图。

11-59 用力法计算图 11-33 所示排架,绘出弯矩图。

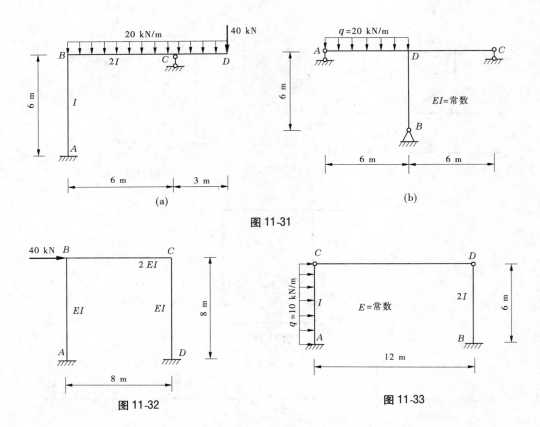

图 11-31

图 11-32

图 11-33

11-60 用力法计算并作出图 11-34 所示结构的 *M* 图。*E* = 常数。

11-61 如图 11-35 所示超静定刚架受荷载作用,利用结构对称性,用力法作该结构的 *M* 图。

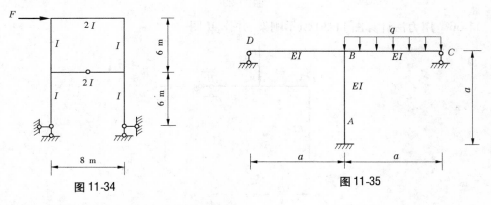

图 11-34

图 11-35

11-62 计算图 11-36 中 *C* 点角位移 φ_C。

11-63 试用力法计算图 11-37 所示超静定梁支座移动时的弯矩。

11-64 图 11-38 所示超静定梁,设支座 *A* 发生转角 *θ*,求作梁的弯矩图。已知梁的 *EI* 为常数。

11-65 用力法计算,并作图 11-39 所示结构由支座移动引起的 *M* 图。*EI* = 常数。

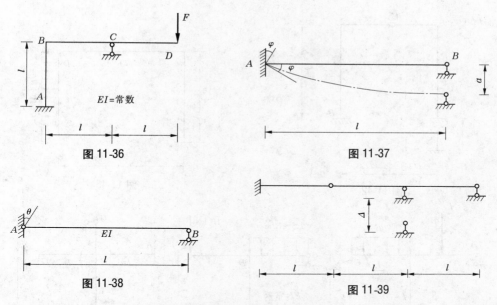

图 11-36

图 11-37

图 11-38

图 11-39

11-66　图 11-40 所示结构 B 支座下沉 4 mm，各杆 $EI = 2.0 \times 10^5$ kN · m^2，用力法计算并作 M 图。

11-67　用力法计算图 11-41 所示结构，并作 M 图。$EI =$ 常数。

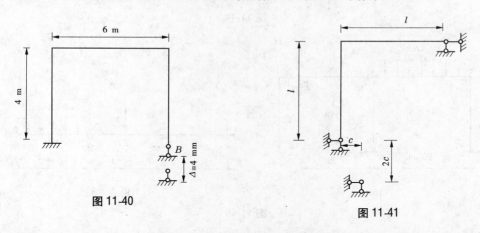

图 11-40

图 11-41

11-68　用力法计算，并作图 11-42 所示对称结构由支座移动引起的 M 图。$EI =$ 常数。

11-69　用位移法作图 11-43 所示刚架的内力图。

11-70　用位移法计算图 11-44 所示各刚架结构，并作出弯矩图。

11-71　用位移法计算图 11-45 所示结构，并作弯矩图。

11-72　用位移法求作图 11-46 所示梁的弯矩图，EI 为常数。

11-73　用位移法绘制图 11-47 所示刚架的弯矩图。

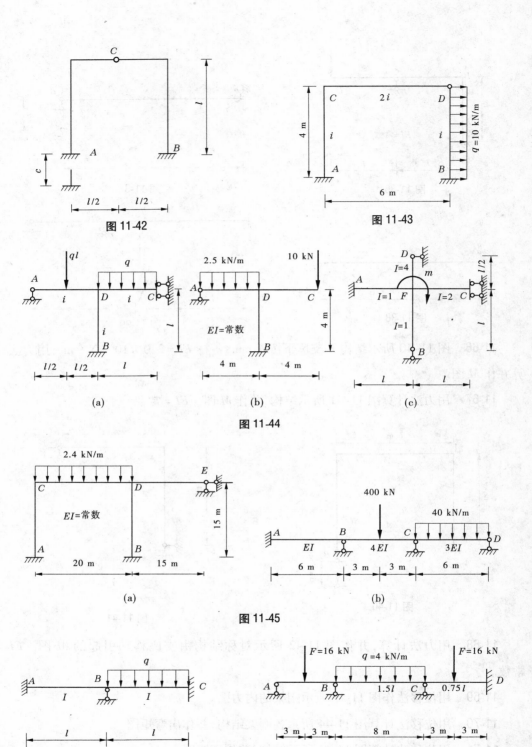

图 11-42

图 11-43

(a)　　　　　(b)　　　　　(c)

图 11-44

(a)　　　　　(b)

图 11-45

(a)　　　　　(b)

图 11-46

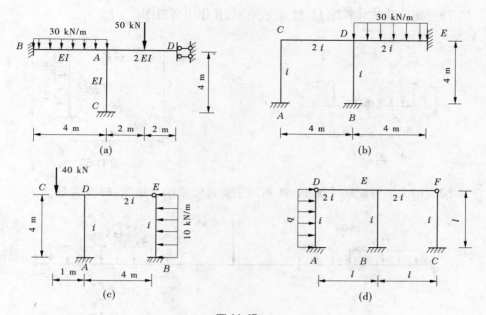

图 11-47

11-74　用位移法计算图 11-48 所示刚架，并画出 M 图。

11-75　用位移法画图 11-49 所示连续梁的弯矩图，$F = \dfrac{3}{2}ql$，各杆刚度 EI 为常数。

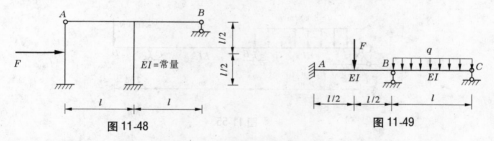

图 11-48　　　　　　　　　　　　图 11-49

11-76　用位移法计算图 11-50 所示超静定刚架，并作出此刚架的内力图。

11-77　用位移法计算图 11-51 所示超静定刚架，并作出弯矩图。

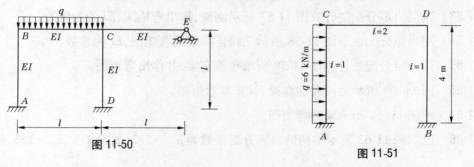

图 11-50　　　　　　　　　　　　图 11-51

11-78　用位移法求作图 11-52 所示连续梁的弯矩图，EI = 常数。

11-79 用位移法计算图 11-53 所示刚架,并作出弯矩图。

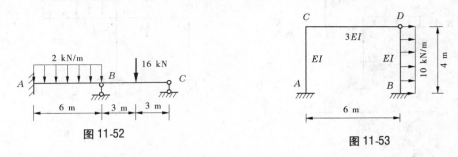

图 11-52

图 11-53

11-80 用力矩分配法求图 11-54 所示三跨连续梁的弯矩图,EI 为常数。

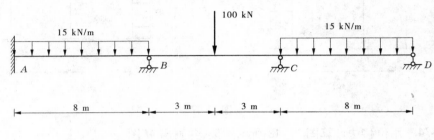

图 11-54

11-81 用力矩分配法求图 11-55 所示连续梁的弯矩图,EI 为常数。

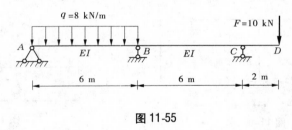

图 11-55

11-82 试用力矩分配法计算图 11-56 所示超静定梁,并绘制弯矩图,EI 均为常数。

11-83 试用力矩分配法计算图 11-57 所示刚架,作出弯矩图,EI 均为常数。

11-84 用力矩分配法求图 11-58 所示三跨连续梁的弯矩图,EI 为常数。

11-85 用力矩分配法计算图 11-59 所示超静定梁,并作出弯矩图。

11-86 图 11-60 所示为两跨连续梁,试作其弯矩图。

11-87 绘图 11-61 所示梁的弯矩图。

11-88 已知图 11-62 所示结构的力矩分配系数为 $\mu_{A1} = 1/2$,$\mu_{A2} = 1/6$,$\mu_{A3} = 1/3$,试作 M 图。

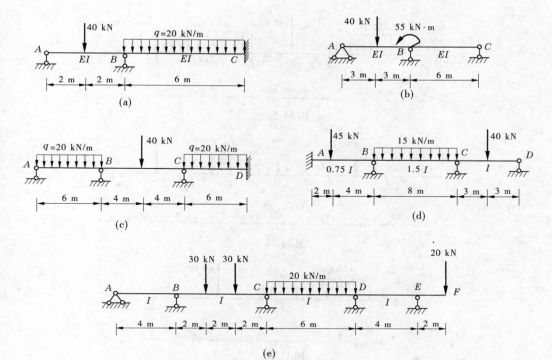

图 11-56

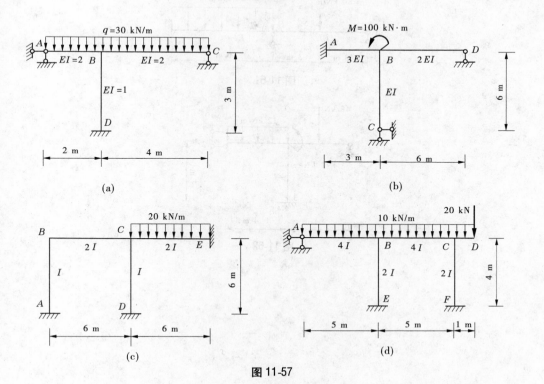

图 11-57

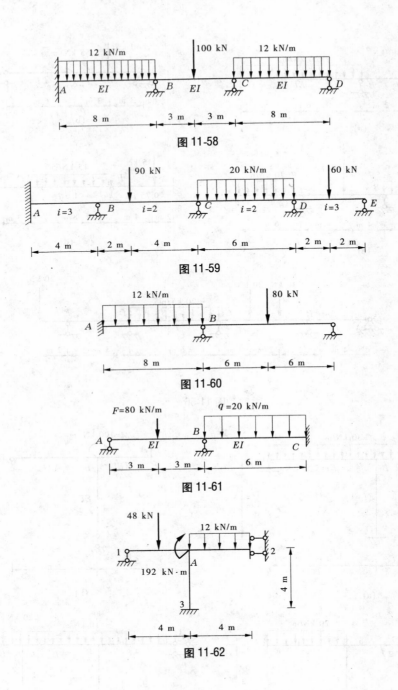

图 11-58

图 11-59

图 11-60

图 11-61

图 11-62

第十二章　影响线

学习指导

一、内容提要

(一)学习内容

1. 影响线的概念

影响线是在竖向单位移动荷载作用下,结构内力、反力或变形的量值随竖向单位荷载位置移动而变化的规律的图形。影响线的横坐标表示单位移动荷载的作用位置,纵坐标表示单位移动荷载作用下结构某一指定位置某一量值的大小。

2. 绘制影响线的方法

绘制影响线有静力法和机动法两种。

根据静力平衡条件建立量值关于单位移动荷载作用位置的函数方程,据此函数绘制影响线的方法称为静力法。

由虚位移原理,撤除与所求量值对应的约束,沿量值正向给出单位位移,根据约束条件作出机构的位移图来绘制影响线的方法称为机动法。

静定结构的影响线由直线段组成,超静定结构的影响线由曲线组成。

3. 固定荷载作用下的量值计算式

$$Z = \sum F_i y_i + \sum q_i \omega_i \qquad (12\text{-}1)$$

4. 荷载的不利位置

(1)单个集中力的荷载不利位置在影响线的顶点。

(2)一组等间距的集中力,其荷载不利位置是临界荷载(有时临界荷载不止一个)作用在影响线的顶点时的位置。

(3)均布可变荷载的不利位置,对于正量值是均布荷载布满整个正影响线区域时,对于负量值是均布荷载布满整个负影响线区域时。

(4)对于连续梁的可变荷载布置:跨中截面是"本跨布置,隔跨布置",支座截面是"相邻跨布置,隔跨布置"。

5. 梁的内力包络图作法和绝对最大弯矩的概念

各截面内力最大值的连线与各截面内力最小值的连线称为内力包络图。弯矩包络图上的最大弯矩称为绝对最大弯矩。

(二)学习要求

了解影响线的概念和绘制影响线的方法;掌握用静力法绘制单跨梁的反力及内力影响线;了解用机动法绘制单跨梁的反力及内力影响线;掌握利用影响线计算量值;掌握利

用影响线确定简支梁的最不利荷载位置;了解简支梁的内力包络图作法和绝对最大弯矩的概念,会计算其绝对最大弯矩值;了解连续梁弯矩包络图的绘制。

(三)重点内容

静力法作静定梁的影响线,用影响线求影响量的值,简支梁的最不利荷载位置的确定。

(四)难点内容

静力法和机动法作静定梁的影响线,最不利荷载位置的确定。

二、精选例题

【例 12-1】 作图 12-1(a)所示外伸梁 C 截面弯矩、剪力的影响线。

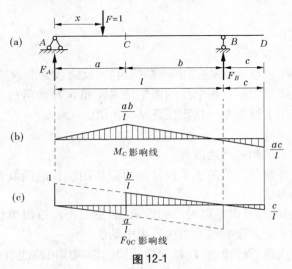

图 12-1

解 由已知可得

$$F_A = \frac{l-x}{l}$$

$$F_B = \frac{x}{l+c}$$

当 F 位于 C 左侧时,有

$$M_C = F_B \cdot b = \frac{bx}{l+c}$$

$$F_{QC} = -F_B = -\frac{x}{l+c}$$

当 F 位于 C 右侧时,有

$$M_C = F_A \cdot a = \frac{l-x}{l}a$$

$$F_{QC} = F_A = \frac{l-x}{l}$$

C 截面弯矩、剪力的影响线如图 12-1(b)、(c)所示。

【例 12-2】 求图 12-2(a)所示多跨静定梁 K 截面弯矩。

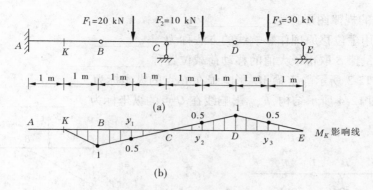

图 12-2

解 首先绘制 K 截面弯矩的影响线,如图 12-2(b)所示。根据影响线的定义,可有:

当 F_1 单独作用时

$$M_{K1} = F_1 y_1 = 20 \times (-0.5) = -10(\text{kN} \cdot \text{m})$$

当 F_2 单独作用时

$$M_{K2} = F_2 y_2 = 10 \times 0.5 = 5(\text{kN} \cdot \text{m})$$

当 F_3 单独作用时

$$M_{K3} = F_3 y_3 = 30 \times 0.5 = 15(\text{kN} \cdot \text{m})$$

从而由叠加法可得

$$M_K = M_{K1} + M_{K2} + M_{K3} = -10 + 5 + 15 = 10(\text{kN} \cdot \text{m})$$

三、学习注意事项

(1)在学习中要注意影响线与内力图不同,影响线所研究的内力所在截面的位置是不变的,改变的是荷载的位置。

(2)静定结构的影响线都是由直线段组成的,超静定结构影响线则是曲线。

(3)正的纵坐标在基线的上方,负的纵坐标在基线的下方,并标明正负号。

训练题

一、填空题

12-1 梁的内力包络图有 ＿＿＿＿＿＿＿＿和＿＿＿＿＿＿＿＿。

12-2 为了分析方便,通常将位于影响线顶点的集中荷载称为＿＿＿＿＿＿＿。

12-3 最不利荷载位置必然发生在荷载密集于影响线纵坐标＿＿＿＿＿＿＿处。

12-4 把梁上各截面内力的最大值和最小值按同一比例标在图上,连成曲线,这一曲线即为＿＿＿＿＿＿＿。

12-5 桥梁上行驶的火车、汽车,活动的人群,吊车梁上行驶的吊车等,这类作用位置经常变动的荷载称为＿＿＿＿＿＿＿。

12-6 在竖向单位移动荷载作用下,结构内力、反力或变形的量值随竖向单位荷载位置移动而变化的规律图形称为_____。

12-7 利用虚位移原理作影响线的方法称为_____。

12-8 使量值 S 取得最大值的移动荷载位置称_____。

12-9 图 12-3 所示静定梁 M_C 影响线在 C 点的纵坐标为_____。

12-10 图 12-4 所示结构，F_{NBD} 影响线在 C 点的纵坐标为_____。

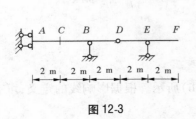

图 12-3

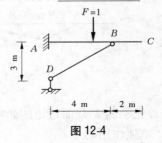

图 12-4

二、判断题

12-11 图 12-5(a)所示梁在一组移动荷载组作用下，使截面 K 产生最大弯矩的最不利荷载位置如图(b)所示。( )

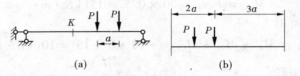

图 12-5

12-12 图 12-6(a)所示结构杆 a 的内力影响线如图(b)所示。( )

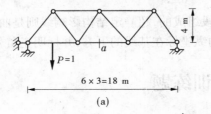

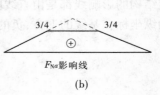

图 12-6

12-13 图 12-7 所示结构杆 a 内力影响线上的最大纵距为 $-4/3$。( )

12-14 图 12-8 所示桁架杆件 1 的内力影响线为曲线形状。( )

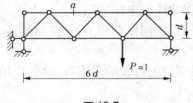

图 12-7

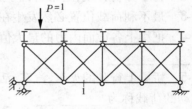

图 12-8

12-15 图 12-9(a)所示结构支座反力 F_A 的影响线形状为图(b)所示。（　　　）

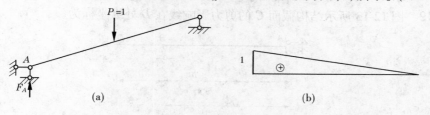

图 12-9

三、选择题

12-16 图 12-10 所示静定梁及 M_C 的影响线,当梁承受全长均布荷载时,则(　　　)。

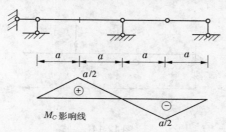

图 12-10

A. $M_C > 0$　　　B. $M_C < 0$　　　C. $M_C = 0$　　　D. M_C 不定,取决于 a 值

12-17 图 12-11 所示简支梁在移动荷载作用下,使截面 C 产生最大弯矩时的临界荷载是(　　　)。

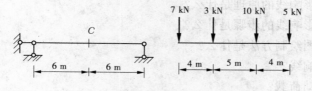

图 12-11

A. 10 kN　　　B. 7 kN　　　C. 3 kN　　　D. 5 kN

12-18 已知图 12-12 所示梁在 $P = 5$ kN 作用下的弯矩图,则当 $P = 1$ 的移动荷载位于 C 点时 K 截面的弯矩影响线纵坐标为(　　　)。

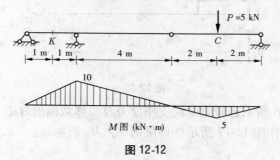

图 12-12

A. 1 m   B. −1 m   C. 5 m   D. −5 m

12-19 图 12-13 所示结构截面 C 的剪力影响线在 D 处纵坐标为(   )。

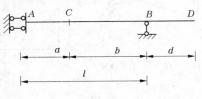

图 12-13

A. 0   B. a/l C. b/l D. 1

12-20 根据影响线的定义,图 12-14 所示悬臂梁 C 截面的弯矩影响线在 C 点的纵坐标为(   )。

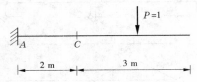

图 12-14

A. 0   B. −3 m   C. −2 m   D. −1 m

四、简答题

12-21 静力法作影响线的原理是什么?
12-22 静力法作影响线的步骤是什么?
12-23 内力包络图绘制方法是什么?
12-24 什么是影响线?
12-25 什么是移动荷载?

五、作图题

12-26 作图 12-15 所示外伸梁支座反力的影响线。

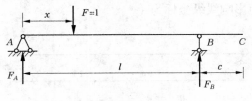

图 12-15

12-27 作图 12-16 所示悬臂梁竖向支座反力及根部截面的弯矩、剪力的影响线。
12-28 用静力法作图 12-17 所示外伸梁的 M_C、M_D 影响线。

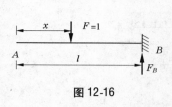

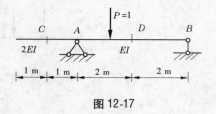

图 12-16　　　　　　　　　　　　　　图 12-17

六、计算题

12-29　如图 12-18 所示简支梁,全跨受均布荷载作用,试利用影响线计算 M_C 和 F_{QC}。

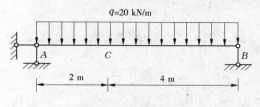

图 12-18

12-30　利用影响线求图 12-19 所示多跨静定梁 K 截面的弯矩 M_K(M_K 的影响线如图(b)所示)。

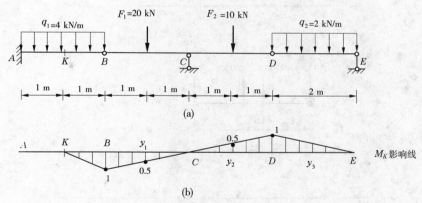

图 12-19

12-31　利用影响线求图 12-20 中 K 截面的弯矩、剪力。

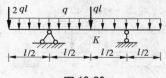

图 12-20

12-32　利用影响线求图 12-21 所示结构指定的量值 F_C、M_C、$F_{QC左}$。

12-33　作图 12-22 所示梁的 M_B 的影响线,并利用影响线求给定荷载作用下 M_B 的值。

12-34　利用影响线求图 12-23 所示多跨静定梁 C 截面的弯矩值。

12-35　求图 12-24 所示梁在移动系列荷载作用下 M_K 的最大值。

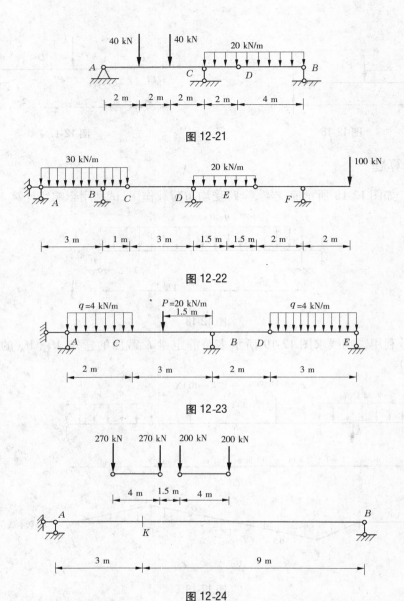

图 12-21

图 12-22

图 12-23

图 12-24

12-36 试求图 12-25 所示简支梁在移动荷载作用下的 F_A、M_C、F_{QC} 的最大值。

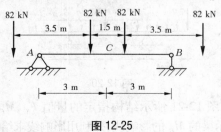

图 12-25

12-37 利用影响线求图 12-26 所示结构在固定荷载作用下的 $F_{Q_{B左}}$ 值。

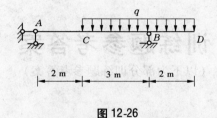

图 12-26

12-38 利用影响线求图 12-27 所示结构指定的量值 M_C、F_{QC}。

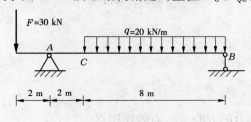

图 12-27

训练题参考答案

（以下为部分训练题参考答案）

第二章

2-1　B

2-2　C

2-3　D

2-4　A

2-5　力的大小　　力的方向　　力的作用点

2-6　刚体　　加上　　减去　　刚体

2-7　大小相等　　方向相反　　沿同一直线

2-8　沿柔性体中心线方位背离被约束物体

2-9　二力杆　　直杆　　曲杆　　折杆

2-10　刚体　　作用线　　刚体的作用效应

2-11　F_x　　F_y　　M

2-12　铰链　　不受力　　直杆

2-13　$F_{Rx} = 41.2$ kN　　$F_{Ry} = 16.7$ kN

2-14　$M_A(\boldsymbol{F}_1) = 130$ kN·m　　$M_A(\boldsymbol{F}_2) = -45$ kN·m

2-15　（a）$M_O(\boldsymbol{F}) = 0$　　（b）$M_O(\boldsymbol{F}) = FL\sin(\theta - \alpha)$

　　　（c）$M_O(\boldsymbol{F}) = F\sqrt{L^2 + b^2}\sin\alpha$

2-16　（a）$M_A(q) = -3$ kN·m　　（b）$M_A(q) = -18$ kN·m

　　　（c）$M_A(q) = -15$ kN·m

第三章

3-1　C

3-2　C　　B

3-3　平面汇交力系

3-4　2　　2

3-5　$\dfrac{m_1}{m_2} = \dfrac{1}{3}$

3-6　$F_A = F_C = \dfrac{M}{2\sqrt{2}a}$

3-7 $F_{Ay} = 5 \text{ kN}(\downarrow)$ $F_{Ax} = 2.5 \text{ kN}(\leftarrow)$ $F_{By} = 25 \text{ kN}(\uparrow)$ $F_{Bx} = 2.5 \text{ kN}(\leftarrow)$

3-8 $F_A = 8.33 \text{ kN}(\uparrow)$ $F_B = 26.67 \text{ kN}$ $F_D = 15 \text{ kN}$

3-9 满载 $F_A = 45 \text{ kN}(\uparrow)$ $F_B = 255 \text{ kN}(\uparrow)$

空载 $F_A = 170 \text{ kN}(\uparrow)$ $F_B = 80 \text{ kN}(\uparrow)$

第四章

4-1 B

4-2 C

4-3 轴向拉伸和压缩   扭转   剪切   平面弯曲

4-4 弯曲变形

4-5 简支梁   悬臂梁   外伸梁

4-6 列方程法   简易法   叠加法

4-7 (a) $|F_N|_{\max} = F$

(b) $|F_N|_{\max} = 40 \text{ kN}$

(c) $|F_N|_{\max} = 2F$

(d) $|F_N|_{\max} = 60 \text{ kN}$

4-8 (a) $|M_x|_{\max} = 5 \text{ kN} \cdot \text{m}$

(b) $|M_x|_{\max} = 30 \text{ kN} \cdot \text{m}$

4-9 $|M_x|_{\max} = 9.55 \text{ kN} \cdot \text{m}$

4-10 (a) $F_{Qm} = -F, M_m = -Fl$

(b) $F_{Qm} = 15 \text{ kN}, M_m = -25 \text{ kN} \cdot \text{m}$

(c) $F_{Qm} = -7.5 \text{ kN}, M_m = 17.5 \text{ kN} \cdot \text{m}$

(d) $F_{Qm} = -\dfrac{1}{12}q_0 l, M_m = \dfrac{1}{4}q_0 l^2$

(e) $F_{Qm} = -7 \text{ kN}, M_m = -6 \text{ kN} \cdot \text{m}$

(f) $F_{Qm} = -3 \text{ kN}, M_m = 3 \text{ kN} \cdot \text{m}$

4-11 (a) $|F_Q|_{\max} = 7 \text{ kN}, |M|_{\max} = 6.125 \text{ kN} \cdot \text{m}$

(b) $|F_Q|_{\max} = P, |M|_{\max} = 4Pl$

(c) $|F_Q|_{\max} = 2P, |M|_{\max} = \dfrac{3}{2}Pl$

(d) $|F_Q|_{\max} = 4 \text{ kN}, |M|_{\max} = 4 \text{ kN} \cdot \text{m}$

4-12 (a) $|M|_{\max} = 8 \text{ kN} \cdot \text{m}$

(b) $|M|_{\max} = \dfrac{3}{8}ql^2$

4-13 (a) $|M|_{\max} = \dfrac{3}{2}ql^2$

(b) $|M|_{\max} = 12 \text{ kN} \cdot \text{m}$

第五章

5-1 $x_c = 0, y_c = 3.9$ cm

5-2   （a）图：$x_c = 0, y_c = 275$ cm$, S_z = -2.0 \times 10^7$ cm^3

       （b）图：$x_c = 0, y_c = 90$ cm$, S_z = 1.15 \times 10^6$ cm^3

       （c）图：$x_c = 0, y_c = 145$ cm$, S_z = -2.9 \times 10^6$ cm^3

5-3 $I_z = 493\ 333.32$ mm$^4, I_y = 133\ 333.33$ mm^4

5-4 $I_z = 424 \times 10^8$ mm^4

第六章

6-1 $\sigma_{BC} = \dfrac{-60 \times 10^3}{600} = -100 \text{(MPa)}; \sigma_{AB} = \dfrac{40 \times 10^3}{800} = 50 \text{(MPa)}$

6-2   杆 AC 的轴力 $F_{NAC} = 45$ kN，故 $\sigma_{AC} = \dfrac{45 \times 10^3}{\dfrac{\pi \times 20^2}{4}} = 143 \text{(MPa)}$

6-3 $[F] = 58$ kN

6-4 $a = 0.85$ m

6-5   （1）$\tau = 105.79$ MPa $\leqslant [\tau] = 140$ MPa，铆钉满足抗剪强度要求；

         $\sigma_{bs} = 141.17$ MPa $\leqslant [\sigma_{bs}] = 320$ MPa，铆钉满足挤压强度要求

       （2）$[F] = 43.96$ kN

6-6 $\tau_{max} = 51$ MPa $< [\tau] = 60$ MPa，满足扭转强度要求

6-7   满足强度和刚度条件

6-8 $\sigma_{max} = \dfrac{M_{max}}{W_z} = \dfrac{40 \times 10^6}{\dfrac{200 \times 400^2}{6}} = 7.5 \text{(MPa)} \leqslant [\sigma] = 10$ MPa，梁满足强度条件

6-9 $[q] = 14.81$ kN/m

6-10   梁满足强度条件

6-11   根据梁的弯矩图可得 C 截面有最大正弯矩 $M_C = 3$ kN·m，D 截面有最大负弯矩 $M_D = -4.8$ kN·m，由于材料抗拉、抗压性能不同，且截面关于中性轴不对称，截面上、下边缘两个最大拉、压正应力的绝对值不相等，因此梁上 C、D 两个截面均为危险截面，都需要进行强度校核

抗弯截面模量 $W_1 = 146.7$ cm$^3, W_2 = 86.7$ cm^3

C 截面：

$$\sigma_{max}^+ = \frac{M_C}{W_2} = \frac{3 \times 10^3}{86.7 \times 10^{-6}} = 34.6 \times 10^6 \text{(Pa)} = 34.6 \text{(MPa)} > [\sigma^+] = 30 \text{ MPa}$$

$$\sigma_{max}^- = \frac{M_C}{W_1} = \frac{3 \times 10^3}{146.7 \times 10^{-6}} = 20.45 \times 10^6 \text{(Pa)} = 20.45 \text{(MPa)} < [\sigma^-] = 60 \text{ MPa}$$

D 截面：

$$\sigma_{max}^{+} = \frac{M_D}{W_1} = \frac{4.8 \times 10^3}{146.7 \times 10^{-6}} = 32.7 \times 10^6 (Pa) = 32.7 (MPa) > [\sigma^+] = 30 \text{ MPa}$$

$$\sigma_{max}^{-} = \frac{M_D}{W_2} = \frac{4.8 \times 10^3}{86.7 \times 10^{-6}} = 55.4 \times 10^6 (Pa) = 55.4 (MPa) < [\sigma^-] = 60 \text{ MPa}$$

由于 C、D 截面的最大拉应力均超过了材料的许用拉应力，因此此梁不安全，应减小荷载或增大截面尺寸，使梁满足强度要求

6-12　$[F] = 52.7 \text{ kN}$

6-13　$\sigma_{max} = 91 \text{ MPa} \leqslant [\sigma] = 120 \text{ MPa}$，满足梁的强度条件

6-14　空心截面比实心截面最大正应力减小了 41%

6-15　满足梁的强度要求

6-16　可选 No16 工字钢

6-17　$b = 316 \text{ mm}$

6-18　$y_{max} = y_q + y_F = \dfrac{5ql^4}{384EI} + \dfrac{Fl^3}{48EI}$

6-19　满足梁的刚度要求

第七章

7-1　B

7-2　A

7-3　杆件几何尺寸　　压杆材料　　两端支承情况

7-4　长细比　　杆端约束情况　　杆件几何尺寸

7-5　合理选择材料　　合理选择截面形状　　改善约束条件　　减小压杆长度

7-6　矩形 $F_{cr} = 374 \text{ kN} <$ 圆 $F_{cr} = 576 \text{ kN} <$ 正方形 $F_{cr} = 586 \text{ kN} <$ 圆环 $F_{cr} = 702 \text{ kN}$

7-7　(d) > (c) > (b) > (a)

7-8　$F_{cr} = 373 \text{ kN}$

7-9　满足稳定性要求

7-10　$d = 200 \text{ mm}$

7-11　$F_{max} = 15.7 \text{ kN}$

第八章

8-1　(a)结构为几何不变体系，且无多余约束

　　(b)结构为几何不变体系，有一个多余约束

　　(c)结构为几何不变体系，且无多余约束

　　(d)结构为几何不变体系，且无多余约束

8-2　(a)结构为几何不变体系，且无多余约束

（b）结构为几何不变体系，有一个多余约束

（c）结构为几何瞬变体系

（d）结构为几何不变体系，有一个多余约束

8-3 （a）结构为几何不变体系，且无多余约束

（b）结构为几何可变体系

（c）结构为几何不变体系，且无多余约束

（d）结构为几何瞬变体系

（e）结构为几何不变体系，有一个多余约束

（f）结构为几何瞬变体系

8-4 （a）结构为几何不变体系，且无多余约束

（b）结构为几何不变体系，且无多余约束

（c）结构为几何不变体系，且无多余约束

第九章

9-1

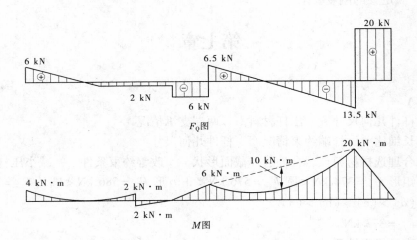

9-2 （a）

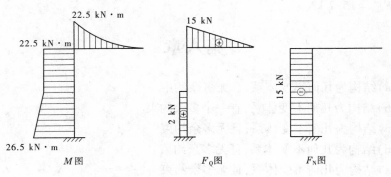

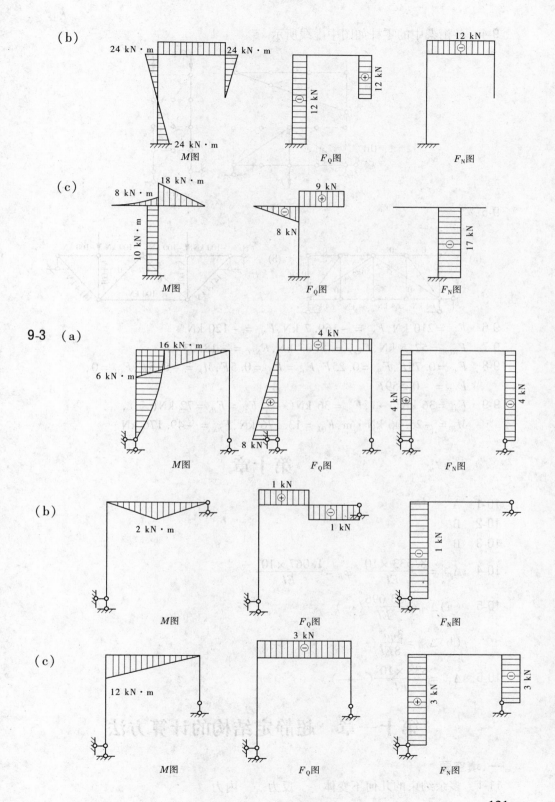

（b）

24 kN·m　　　　24 kN·m

24 kN·m

M图　　　　　　　F_Q图　　　　　　　F_N图

12 kN

12 kN

12 kN

（c）

18 kN·m

8 kN·m

10 kN·m

9 kN

8 kN

17 kN

M图　　　　　　　F_Q图　　　　　　　F_N图

9-3　（a）

16 kN·m

6 kN·m

8 kN

4 kN

4 kN　　4 kN

M图　　　　　　　F_Q图　　　　　　　F_N图

（b）

2 kN·m

1 kN

1 kN

1 kN

M图　　　　　　　F_Q图　　　　　　　F_N图

（c）

12 kN·m

3 kN

3 kN　　3 kN

M图　　　　　　　F_Q图　　　　　　　F_N图

9-4 各桁架中的零杆如图中虚线所示。

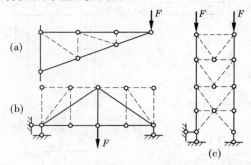

9-5

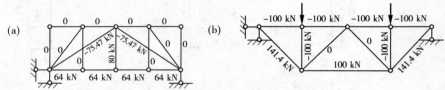

9-6 $F_{N_1} = 210$ kN, $F_{N_2} = -169.7$ kN, $F_{N_3} = -120$ kN

9-7 $F_{NDE} = 52.5$ kN, $F_{NFE} = 18.03$ kN, $F_{NFC} = -18.03$ kN

9-8 $F_{Ay} = 0.75F$, $F_{By} = 0.25F$, $F_{Ax} = F_{Bx} = 0.5F$, $M_E = -0.5F$, $F_{QE} = 0$,
$F_{NE} = -0.559F$

9-9 $F_{Ax} = 36$ kN$(\rightarrow)$, $F_{Bx} = 36$ kN$(\leftarrow)$, $F_{Ay} = F_{By} = 72$ kN$(\uparrow)$,
$M_K = -25.06$ kN·m, $F_{QK} = 13.176$ kN, $F_{NK} = -49.176$ kN

第十章

10-1 A

10-2 B

10-3 B

10-4 $\Delta_{BH} = \dfrac{8.533 \times 10^4}{EI}$, $\varphi_B = \dfrac{1.067 \times 10^4}{EI}$

10-5 (a) $\Delta_{CH} = \dfrac{33\,096}{EI}(\leftarrow)$

　　　(b) $\Delta_{CH} = \dfrac{3qa^4}{8EI}(\rightarrow)$

10-6 $\Delta_{AD} = \dfrac{838 \times 10^3}{EI}(\rightarrow\leftarrow)$

第十一章　超静定结构的计算方法

一、填空题

11-1 多余约束的几何不变体　　　反力　　　内力

11-2　多余是相对保持几何不变性而言,并非真正多余　　内部有多余约束亦是超静定结构　　超静定结构去掉多余约束后,就成为静定结构

11-3　去掉超静定结构的多余约束,使其成为静定结构,则去掉多余约束的个数即为该结构的超静定次数

11-4　一个　　两个　　一个　　三个

11-5　多余未知力　　用多余未知力代替多余约束的静定结构

11-6　位移基本　　$X_i = 1$　　X_i　　$X_j = 1$　　X_i　　荷载　　X_i

11-7　正对称　　反对称

11-8　线位移　　角位移　　静力平衡

11-9　顺时针　　向下

11-10　顺时针　　逆时针

11-11　1　　分配弯矩

11-12　连续梁　　无侧移刚架

11-13　线刚度 i　　远端支承情况　　近端约束

11-14　传递(远端)　　分配(近端)　　1/2　　0

11-15　分配系数　　传递系数

二、判断题

11-16　√

11-17　√

11-18　×

11-19　√

11-20　×

11-21　×

11-22　×

11-23　×

11-24　×

11-25　√

三、选择题

11-26　B

11-27　D　　B

11-28　C

11-29　D

11-30　C

11-31　A

11-32　B

11-33　C

11-34　C

11-35　D

四、简答题

11-36 答:用位移协调方程解出多余未知力,然后转化成静定结构计算。去掉多余约束用多余未知力代替,并表示上原始荷载的静定结构称为力法的基本结构。力法基本未知量为多余未知力。只有计算出多余未知力,才能解出结构。

11-37 答:基本结构在多余未知力和已知荷载共同作用下,沿多余未知力方向的位移与原结构保持一致。

11-38 答:在对称荷载作用下,反对称未知力为零,即只产生对称内力及变形;在反对称荷载作用下,对称未知力为零,即只产生反对称内力及变形。

11-39 答:用位移法计算超静定结构的步骤为:

(1)确定结构的基本未知量,选取基本结构。

(2)建立位移法方程。

(3)绘制基本结构的单位弯矩图和荷载弯矩图。

(4)利用平衡条件求位移法方程中的各系数和自由项,解方程求各基本未知量。

(5)由叠加法绘出最后的弯矩图。

11-40 答:超静定结构去掉多余约束的方法有:

(1)去掉一个链杆支座或切断一个链杆相当于去掉一个约束。

(2)去掉一个固定铰支座,或去掉一个单铰,相当于去掉两个约束。

(3)在刚性连接处切断,相当于去掉三个约束。

(4)将刚结改变为单铰联结,相当于去掉一个约束。

11-41 答:杆端角位移以顺时针旋转为正,逆时针旋转为负;杆端相对线位移以旋转角顺时针旋转为正,逆时针旋转为负;杆端弯矩对杆端而言以顺时针旋转为正,逆时针旋转为负;杆端剪力使杆件有顺时针旋转趋向为正,逆时针旋转趋向为负。

11-42 答:结点角位移的数目根据刚结点数目确定。

11-43 答:独立结点位移的数目可用铰化刚结点的方法来确定,即把所有结点(包括固定端支座)都改为铰结点,若体系成为可变体系,则原结构有结点线位移,使铰结体系成为几何不变体系需增加的链杆数等于原结构的独立结点线位移的数目。

11-44 答:系数 r_{ii} 为基本结构上由于单跨结点位移的作用,引起第 i 个附加约束反力。系数 r_{ij} 为基本结构上由于单跨结点位移作用,引起第 i 个附加约束的约束反力,R_{iP} 为基本结构上由于荷载作用时,在第 i 个附加约束上引起的约束反力。

11-45 答:力矩分配法的思想就是首先将刚结点锁定,得到荷载单独作用下的杆端弯矩,然后任取一个结点作为起始结点,计算其不平衡力矩。接着放松该结点,允许产生角位移,并依据平衡条件,通过分配不平衡力矩得到位移引起的杆近端分配弯矩,再由杆近端分配弯矩传递得到杆远端传递弯矩。该结点的计算结束后,仍将其锁定,再换一个刚结点,重复上述计算过程,直至计算结束。最后计算各结点的固端弯矩、分配弯矩与传递弯矩的代数和,得到最终杆端弯矩,据此绘制弯矩图。

五、问答题

11-46   (a)2次   (b)6次   (c)7次   (d)10次   (e)3次

          (f)21次   (g)3次   (h)5次   (i)3次   (j)3次

11-47　（a）2 次　　（b）2 次　　（c）3 次　　（d）6 次　　（e）6 次
　　　　（f）2 次　　（g）7 次　　（h）21 次

11-48　（a）$\theta=2,\Delta=1$　　（b）$\theta=2,\Delta=0$　　（c）$\theta=1,\Delta=0$
　　　　（d）$\theta=5,\Delta=2$　　（e）$\theta=4,\Delta=1$　　（f）$\theta=3,\Delta=1$

六、计算题

11-49　（a）

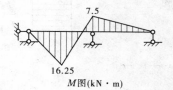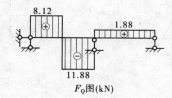

（b）

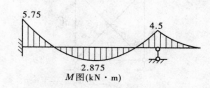

11-50

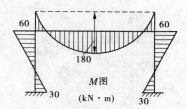

11-51

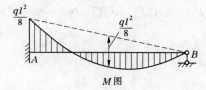

11-52

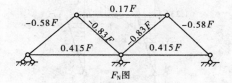

11-53

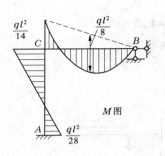

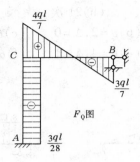

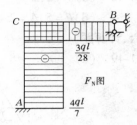

11-54

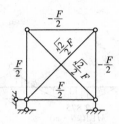

11-55　（a）$M_{AB} = 3Fl/16$　　　（b）$M_{AB} = ql^2/16$

11-56

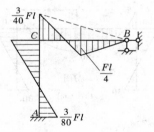

11-57　（a）$M_{AB} = ql^2/12$　　　（b）$F_B = 6.17$ kN

11-58　$M_{BC} = ql^2/10$

11-59　$M_{AC} = 62.5$ kN · m

11-60

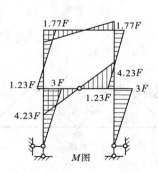

11-61

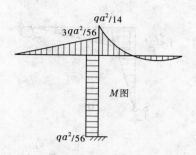

11-62　$\varphi_C = \dfrac{1}{EI}\left[-\dfrac{1}{8}Fl \times l \times 1 + 1 \times l \times \left(\dfrac{1}{2} \times Fl - \dfrac{1}{2} \times \dfrac{Fl}{8} \right) \right] = \dfrac{5Fl^2}{16EI}(\downarrow)$

11-63

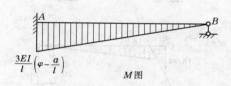

11-64

$$M_{AB} = l \times \dfrac{3EI\theta}{l^2} = \dfrac{3EI\theta}{l}$$

$$M_{BA} = 0$$

11-65

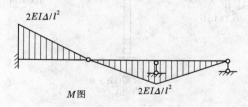

11-66

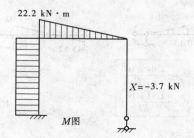

11-67

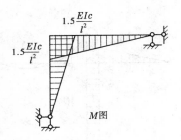

M图

11-68

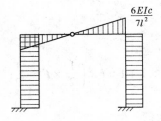

11-69

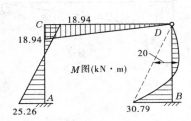

11-70

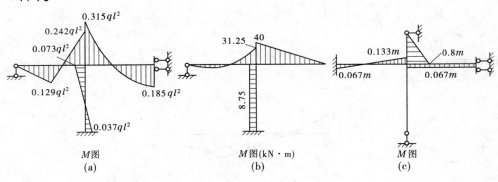

M图　　　　　　M图(kN・m)　　　　　　M图
(a)　　　　　　　　(b)　　　　　　　　(c)

11-71

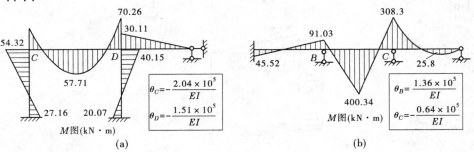

M图(kN・m)　　　　　　　　　　　　　　　M图(kN・m)
(a)　　　　　　　　　　　　　　　　　　　(b)

11-72　(a)$M_{CB}=5ql^2/48$

　　　　(b)$M_{BC}=-20.67$ kN · m

11-73　(a)$M_{AB}=55.5$ kN · m　　$M_{AC}=11.7$ kN · m　　$M_{AD}=-67.2$ kN · m

　　　　$M_{BA}=-32.2$ kN · m　　$M_{DA}=-32.8$ kN · m

　　　　(b)$M_{AC}=-1.43$ kN · m　　$M_{BD}=4.29$ kN · m　　$M_{DE}=-22.88$ kN · m

　　　　(c)$M_{DA}=10.53$ kN · m　　$M_{BE}=42.11$ kN · m

　　　　(d)$M_{AD}=-11ql^2/56$　　$M_{BE}=-ql^2/8$　　$M_{CF}=-ql^2/14$

11-74

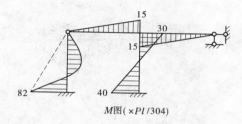

M图($\times Pl/304$)

11-75

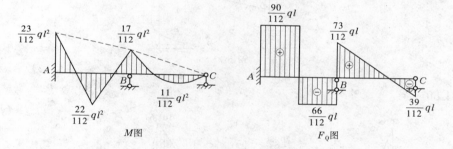

M图　　　　　　　F_Q图

11-76

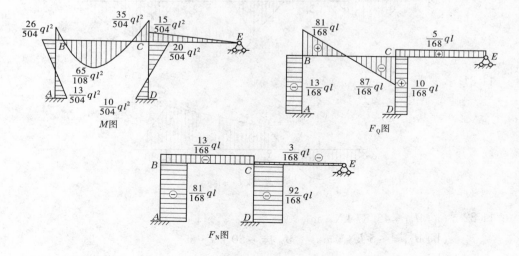

M图　　　　　　F_Q图

F_N图

11-77　　$M_{AC} = 2\theta - \dfrac{3}{2}\Delta - 8 = 2 \times 1.47 - \dfrac{3}{2} \times 15.16 - 8 = 27.79(\text{kN} \cdot \text{m})$

$M_{CA} = 4\theta - \dfrac{3}{2}\Delta + 8 = 4 \times 1.47 - \dfrac{3}{2} \times 15.61 + 8 = 8.82(\text{kN} \cdot \text{m})$

$M_{CD} = 6\theta = 6 \times 1.47 = 8.82(\text{kN} \cdot \text{m})$

$M_{BD} = -\dfrac{3}{4}\Delta = -\dfrac{3}{4} \times 15.16 = 11.37(\text{kN} \cdot \text{m})$

11-78

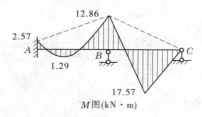

11-79

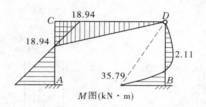

11-80

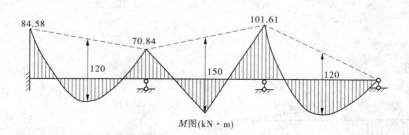

11-81

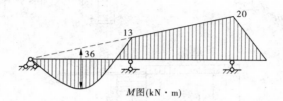

11-82　　(a) $M_{BA} = 45.87\ \text{kN} \cdot \text{m}$

　　　　(b) $M_{BA} = -5\ \text{kN} \cdot \text{m}$　　　$M_{BC} = -50\ \text{kN} \cdot \text{m}$

(c)$M_{BA} = -61.31$ kN $\cdot$ m $M_{DC} = -15.4$ kN $\cdot$ m

(d)$M_{BA} = 50.98$ kN $\cdot$ m $M_{CB} = 68.3$ kN $\cdot$ m

(e)$M_{CD} = -64.1$ kN $\cdot$ m

11-83 (a)$M_{BD} = 11.7$ kN $\cdot$ m $M_{BC} = -67.2$ kN $\cdot$ m $M_{BA} = -32.2$ kN $\cdot$ m

$M_{DB} = -32.8$ kN $\cdot$ m

(b)$M_{BA} = -72.7$ kN $\cdot$ m $M_{BC} = -9.1$ kN $\cdot$ m

(c)$M_{CD} = 12.85$ kN $\cdot$ m $M_{BC} = 4.29$ kN $\cdot$ m $M_{CB} = 34.29$ kN $\cdot$ m

(d)$M_{BA} = 27.03$ kN $\cdot$ m $M_{BC} = -24.01$ kN $\cdot$ m $M_{CB} = 22.38$ kN $\cdot$ m

11-84

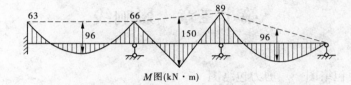

M图(kN $\cdot$ m)

11-85

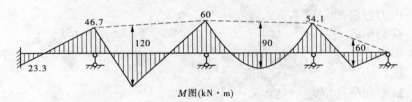

M图(kN $\cdot$ m)

11-86

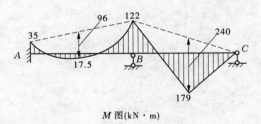

M 图(kN $\cdot$ m)

11-87

M图(kN $\cdot$ m)

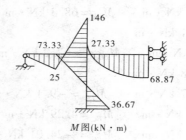

M 图(kN·m)

第十二章 影响线

一、填空题

12-1 弯矩包络图 剪力包络图

12-2 临界荷载

12-3 最大

12-4 内力包络图

12-5 移动荷载

12-6 影响线

12-7 机动法

12-8 最不利荷载位置

12-9 2 m

12-10 0

二、判断题

12-11 ×

12-12 √

12-13 √

12-14 ×

12-15 √

三、选择题

12-16 C

12-17 A

12-18 B

12-19 A

12-20 A

四、简答题

12-21 答:静力法作影响线原理:由静力平衡条件建立量值 S 与单位移动荷载位置坐标 x 之间的关系(影响线方程),由方程作函数曲线——量值 S 的影响线。

12-22 答:静力法作影响线步骤为:

（1）选取坐标系,将竖向力 $F=1$ 置于梁上任意点。

（2）取研究对象,列 S 的影响线方程,并注明 x 范围。

（3）计算控制点纵坐标值,绘量值 S 的影响线。

（4）规定正值量值画基线上侧,负值画下侧。

12-23　答:内力包络图绘制方法是:一般将梁分为 10 等份,先求出各截面的最大弯矩值,再求出绝对最大弯矩值,最后将这些值按比例以纵坐标标出并连成光滑曲线。

12-24　答:在竖向单位移动荷载作用下,结构内力、反力或变形的量值随竖向单位荷载位置移动而变化的规律图形称为影响线。

12-25　答:桥梁上行驶的火车、汽车,活动的人群,吊车梁上行驶的吊车等,这类作用位置经常变动的荷载称为移动荷载。

五、作图题

12-26　A 支座反力的影响线如图(b)所示,B 支座的反力影响线如图(c)所示。

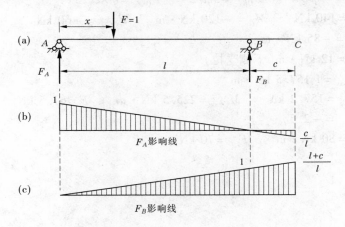

12-27　F_B 的影响线如图(b)所示,M_B 的影响线如图(c)所示,F_{QB} 的影响线如图(d)所示。

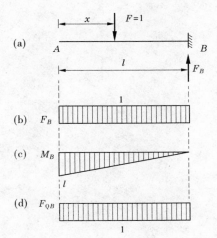

12-28

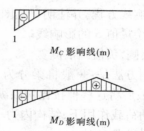

M_C 影响线(m)

M_D 影响线(m)

六、计算题

12-29　$M_C = 80 \text{ kN} \cdot \text{m}$　　$F_{QC} = 20 \text{ kN}$

12-30　$M_K = -5 \text{ kN} \cdot \text{m}$

12-31　$M_K = -ql^2/4$　　$F_{QK左} = 3ql/2$　　$F_{QK右} = ql/2$

12-32　$F_C = 140 \text{ kN}$　　$M_C = -120 \text{ kN} \cdot \text{m}$　　$F_{QC左} = -60 \text{ kN}$

12-33　$M_B = -85 \text{ kN} \cdot \text{m}$

12-34　$M_C = 12 \text{ kN} \cdot \text{m}$(下侧受拉)

12-35　$M_{K\max} = 1\,157.5 \text{ kN} \cdot \text{m}$

12-36　$F_{C\max} = 157.2 \text{ kN}$　　$M_{C\max} = 225.5 \text{ kN} \cdot \text{m}$　　$F = 61.5 \text{ kN}$

12-37　$F_{QB左} = -2.5q$

12-38　$M_C = 80 \text{ kN} \cdot \text{m}$　　$F_{QC} = 70 \text{ kN}$

参 考 文 献

［1］ 张正国.静力学及材料力学［M］.哈尔滨:哈尔滨船舶工程学院出版社,1991.
［2］ 孙训方.材料力学［M］.3 版.北京:高等教育出版社,1994.
［3］ 陈继刚,闵国林,唐平.工程力学［M］.徐州:中国矿业大学出版社,1999.
［4］ 梁圣复.建筑力学［M］.北京:机械工业出版社,2001.
［5］ 宋小壮.土木工程力学［M］.北京:高等教育出版社,2001.
［6］ 宋小壮.工程力学自学与解题指南［M］.北京:机械工业出版社,2003.
［7］ 林贤根.土木工程力学［M］.2 版.北京:机械工业出版社,2009.
［8］ 林贤根.土木工程力学学习指导［M］.北京:机械工业出版社,2009.
［9］ 李舒瑶.工程力学［M］.北京:中国水利水电出版社,2001.
［10］ 高健.建筑力学［M］.郑州:黄河水利出版社,2009.
［11］ 高健.建筑力学复习与训练［M］.郑州:黄河水利出版社,2009.
［12］ 李舒瑶.工程力学［M］.郑州:黄河水利出版社,2002.
［13］ 杨恩福.工程力学［M］.北京:中国水利水电出版社,2005.